DeepSeek

实用操作指南：
入门、搜索、答疑、写作

青少版

U0250640

李尚龙　著

台海出版社

图书在版编目（CIP）数据

DeepSeek 实用操作指南：入门、搜索、答疑、写作：青少版 / 李尚龙著. -- 北京：台海出版社，2025.4.
ISBN 978-7-5168-4155-6

Ⅰ. TP18-49

中国国家版本馆 CIP 数据核字第 2025UN2403 号

DeepSeek 实用操作指南：入门、搜索、答疑、写作：青少版

著　者：李尚龙

责任编辑：魏　敏　　　　　　　　　封面设计：{幽鹿} 1015838109@qq.com 永有熊

出版发行：台海出版社
地　　址：北京市东城区景山东街 20 号　　邮政编码：100009
电　　话：010-64041652（发行，邮购）
传　　真：010-84045799（总编室）
网　　址：www.taimeng.org.cn/thcbs/default.htm
E - m a i l：thcbs@126.com

经　　销：全国各地新华书店
印　　刷：三河市嘉科万达彩色印刷有限公司
本书如有破损、缺页、装订错误，请与本社联系调换

开　　本：880 毫米 × 1230 毫米　　1/32
字　　数：140 千字　　　　　　　印　　张：6.5
版　　次：2025 年 4 月第 1 版　　印　　次：2025 年 4 月第 1 次印刷
书　　号：ISBN 978-7-5168-4155-6

定　　价：59.80 元

版权所有　　翻印必究

给每一个在成长路上探索的你

嘿，见字如面。

你有没有遇到过这样的时刻：面对一堆复杂的概念，感觉大脑一片空白？写作文的时候，想了半天也不知道该怎么表达？或者在和同学讨论时，明明心里有一大堆想法，却总是说不出让人信服的理由？

别担心，这并不是你的问题。学习、思考、表达，本就是一场不断升级的冒险。有时候，它像解谜游戏，需要梳理出一条条线索；有时候，它又像攀登高山，一路跌跌撞撞，但风景也越来越美丽。

这本书，想陪你走一段这样的旅程。

这里没有死记硬背的知识点，也没有那些让人头疼的教科书式讲解。我们会用最简单、最贴近生活的方式，把那些听起来高深的知识变得好理解、能应用，甚至有趣到让你忍不住和别人分享。AI 不只是一个冷冰冰的工具，它可以成为你的学习搭档、思考助手，甚至是你表达观点时最强的辩论搭档。

想象一下，如果你能像高手一样，用最简洁的语言把复杂的概念变得清晰；如果你在任何讨论中，既能坚定立场，又能优雅地回应反对意见；如果写作变成了一种享受，而不是一场痛苦的"字数拉锯战"。这些，AI 可以帮你做到。

但更重要的是——你本身，就拥有这样的能力。

每个人都有独特的思考方式，每一种表达都值得被听见。AI 是一个放大镜，帮你看清自己思考的脉络；AI 也是一面镜子，让你在每一次练习中，看到自己的成长。这本书不只是关于 AI 的，更是关于如何让你的思考更有力量，让你的表达更有温度。

所以，不要害怕犯错，不要害怕表达，不要害怕问那些"听起来很傻"的问题。真正的高手，不是知道所有答案的人，而是敢于不断探索的人。

愿你在这场旅程中，听到自己的声音，感受到思考的乐趣，发现 AI 世界的无限可能。

我在这本书里，等你。

送给正在成长的你。

李尚龙

目录
CONTENTS

第三章　DeepSeek 的深度定制

第四章　解锁 DeepSeek 的 7 大使用技巧

第五章 DeepSeek 让你成为学习达人

第六章　DeepSeek 帮你写出高分作文

第一章

DeepSeek
入门与基础应用

DeepSeek 的成立与特点

　　DeepSeek 公司（杭州深度求索人工智能基础技术研究有限公司）是一家中国人工智能公司，由梁文锋于 2023 年成立，总部位于杭州。该公司以开发开源大型语言模型（Large Language Model，LLM）而闻名，其最新模型 DeepSeek-R1 在性能上可与 OpenAI 的 GPT-4o 媲美，但训练成本仅为约 560 万美元，显著低于其他同类模型。

　　在底层逻辑方面，DeepSeek-R1 采用了与 GPT-4o 不同的技术路径。具体而言，DeepSeek-R1 使用了强化学习技术进行"后训练"，通过学习"思维链"（Chain of Thought，CoT）的方式，逐步推理得出答案，而不是直接预测结果。这种方法使模型的推理能力得到了极大的提升。

　　此外，DeepSeek-R1 采用了"专家混合"（Mixture of Experts，MoE）架构。这是一种模型架构，旨在通过激活不同的专家子模型来提高模型的性能和效率。这种架构使得 DeepSeek-R1 在处理特定任务时能够调用最适合的专家子模型，从而提高推理效率和准确性。

相比之下，GPT-4o 主要基于传统的 Transformer 架构，依赖于大规模数据训练和人类反馈调整，以提高模型的性能。这种方法虽然在多种任务上表现出色，但在推理过程中并不展示中间的思考过程。

总的来说，DeepSeek 通过采用独特的训练方法和模型架构，实现了高效的推理能力和较低的训练成本，与 GPT-4o 相比，展现了不同的技术优势和应用前景。

DeepSeek 与 GPT-4o 的主要底层逻辑差异总结如下：

表1

维度	DeepSeek（DeepSeek-R1/V3）	GPT-4o
模型架构	使用专家混合架构，通过激活不同的专家子模型，提升推理效果与效率。	主要基于 Transformer 架构，以大规模数据和深度学习为核心，通过统一架构应对多任务。

续表

维度	DeepSeek（DeepSeek-R1/V3）	GPT-4o
推理逻辑	强化学习加思维链推理，模拟人类的逐步推理过程，允许中间步骤推导。	主要依赖于直接输出预测结果，不展示明显的中间推理过程。
训练方式	低成本训练，通过优化数据集和专家混合机制降低计算资源需求（训练成本约560万美元）。	高成本训练，依赖大规模算力和人类反馈调整，训练成本显著高于 DeepSeek。
任务处理能力	动态调用合适的专家子模型，针对不同任务进行精细化处理，效率和准确度更高。	同一模型处理所有任务，适应性强，但特定任务的效率可能不如 DeepSeek。
应用场景	强调在特定领域或任务上的深度应用（如医疗、法律等领域）。	更加偏向于通用型任务，例如文本生成、语言理解、代码生成等广泛应用。
创新特性	支持中间步骤输出（解释过程），更贴合需要逐步推导复杂的任务。	注重大规模数据训练的全面性能，但中间推导过程透明度较低。

总之，你可以把 DeepSeek 想象成一个超级助手，特别是超级中文助手，因为它的中文能力比 ChatGPT 强太多了：

- 不会写信？它不仅能帮你写好，还能让信件充满情感和文采。

- 要背古诗？它不仅能帮你理解诗意，还能提供记忆技巧，让你背得更快更牢。

- 遇到外语文章？它能帮你准确翻译，还能优化表达，让你轻松理解。

- 学习编程遇到难题？它能给你提供编程思路，甚至帮你调试代码，让你快速解决问题。

换句话说，DeepSeek = 智能写作助手 + 语言翻译助手 + 编程顾问 + 信息整理专家。

DeepSeek 的基本操作

（1）如何注册和登录

步骤如下：

第一步，打开 DeepSeek 官网：https://www.deepseek.com/。

▲ 图1

第二步，点击"注册"按钮，使用手机号注册即可。

▲ 图 2

第三步，点击开始对话，或者下载手机 App。

▲ 图 3

第四步，你会看到一个对话框，就像微信聊天一样，在这里输入你的问题，DeepSeek 就会回答。

▲ 图 4

（2）界面介绍

DeepSeek 的界面很简单，主要有 3 个部分。

对话框：你在这里输入问题，AI 在这里回复你。

历史记录：可以回顾你之前的聊天内容。

设置选项：可以调整 AI 的回复风格（比如更简洁、更详细）。

（3）DeepSeek-R1 和联网搜索

➠ 用 DeepSeek-R1 模型的情况

当你需要 AI 帮你快速生成回复时，DeepSeek-R1 是你的最佳选择，因为它能在离线环境下高效完成任务。

DeepSeek-R1 适合于以下问题：

①写作与内容创作

- 帮我写一篇关于人工智能的科普文章。

- 润色我的英文邮件，让语气更专业。

②代码编写与修复

- 用 Python 写一个简单的计算器。

- 找找这段代码中的错误，优化一下。

③数学、逻辑推理

- 3 个人分 15 个苹果，每个人最多能分几个?

- 帮我解这道几何题，说明步骤。

④信息归纳与总结

- 总结这篇文章的核心观点。

- 把课堂笔记整理成一份简洁的复习提纲。

当问题不需要实时信息（如写作、逻辑题、代码问题等），就让 DeepSeek-R1 来搞定。

▶▶ 用联网搜索的情况

如果你需要最新、实时的答案，就可以用联网搜索功能。它就像你的"动态小助手"，帮你抓取当天的最新数据。

①实时资讯查询

- 今天北京的天气怎么样?

- 最新的 AI 大会的时间和地点。

②最新的时事新闻

- 查查 2025 年 1 月关于某个明星的新闻。

- 查找最近在硅谷发生的科技事件。

③青少年兴趣调研

- 2025 年最受青少年欢迎的科技产品有哪些?

- 2025 年青少年最喜欢的歌曲有哪些?

④学习与成长资源

- 列出几本适合青少年阅读的科普书籍。

- 查查今年有哪些适合青少年参加的科技创新比赛。

当你需要了解最新资讯、动态信息或网络上的多方观点时,联网搜索是你的最佳选择。

➡ DeepSeek-R1 与联网搜索使用情况对比

表 2

场景	用 DeepSeek-R1	用联网搜索
写作、论文、报告	写新媒体文案、改写论文摘要、润色文章	查找论文最新引用、研究最新数据
编程相关任务	写代码、改代码、查 Bug(程序错误)	查询最新的 API 或库的文档
逻辑和计算问题	数学题、逻辑推理、长文总结	无须联网,依靠模型本身即可

续表

场景	用 DeepSeek-R1	用联网搜索
实时动态	不适合，可能给出过时的答案	查新闻、天气、科技动态
市场和调研分析	总结已有的公司或市场分析报告	搜集和整合最新市场数据

简单记忆：

• DeepSeek-R1 适合写作、代码、逻辑推理等不依赖网络的任务。

• 联网搜索适合查找最新动态、时事、市场调研等需要实时数据的问题。

▶▶ 3 个小技巧帮你提高效率

①提问要清楚、具体

如果问题太笼统，比如"给我写一篇文章"，AI 很可能无法准确抓住重点。

示例：

• 写一篇关于如何提高数学成绩的文章，风格要简洁明了，字数 300 字。

- 帮我总结一下《红楼梦》的主要人物关系，要求简洁易懂。

②给 AI 分配"角色"

如果你告诉 AI 让它扮演什么角色，它能根据场景调整语气和内容，效果更贴合需求。

示例：

- 你是一位历史老师，帮我讲解一下唐朝的兴衰。

- 你是一位数学家，帮我解释一下勾股定理的应用。

③复杂问题分步骤提问

如果问题太复杂，AI 可能难以一次回答全面，分步骤提问会更高效。

示例：

- 第一步，帮我分析一下英语语法中的时态问题。

- 第二步，根据时态问题，给我出一些练习题。

- 第三步，帮我批改这些练习题的解题步骤。

（4）实战演练：让 AI 帮你完成任务

▶▶ 场景1：写邮件

指令：请帮我写一封英文邮件，邀请同学参加学习小组。

AI 生成：

Dear＿＿＿＿＿＿＿（Classmate's Name），

I hope this message finds you well. We are organizing a study group to prepare for the upcoming exams, and we would be delighted if you could join us.

......

▶▶ 场景2：写代码

指令：请用 Python 写一个自动计算平均分的程序。

AI 生成：

......（完整的 Python 代码）

▶▶ 场景3：翻译改写

指令：请帮我把这段英文翻译成中文。（粘贴英文）

AI 生成：

......（通顺的中文翻译）

3 写作与内容创作应用：
让 DeepSeek 成为你的创作搭档

你以为 DeepSeek 只是个辅助工具？其实它完全可以成为你的"写作搭档"，帮你解决各种写作难题。从提供写作思路到做读书笔记，从编故事到撰写校园活动宣传稿，只要输入指令，它就能快速生成内容，让写作变得更简单、更高效。

别担心应用场景太多而记不住，后面我会详细讲解各种具体用法。

（1）功能亮点

作文写作：只需输入简单的指令，DeepSeek 就能帮你写出各种类型的范文——记叙文、议论文、说明文，甚至可以帮你构思故事。它不仅能提供有针对性的写作参考，还能启发你的思维，帮你节省大量时间。

文章优化：如果觉得自己的文章表达不够清晰，DeepSeek可以帮你修改和润色，让语言更加精准流畅，适合不同的写作场景和读者需求。

长文精读：当你面对一篇冗长的文章或书籍时，DeepSeek能快速提炼出关键信息，帮助你缩短阅读时间，抓住核心要点。

（2）应用场景

作文写作：在写作时，你可以和 DeepSeek 进行头脑风暴，它能帮你整理思路、提供写作框架，让你不再为开头怎么写而苦恼，也不会因为没有灵感而发愁。

长文章摘要：无论是经典名著还是新闻报道，DeepSeek 都能迅速提炼重点内容，让你更快掌握重要信息。

文章结构优化：如果你觉得文章逻辑不够清晰，DeepSeek 可以帮助你重新调整段落顺序，使文章更加流畅、条理分明。

（3）示例指令与效果

指令：帮我写一篇参考范文，主题是校园里的春天，风格优美生动，字数 400 字左右。

生成示例：

校园里的春天像一幅充满生机的画卷。走进校门，首先映入眼帘的是那棵高大的梧桐树，它的枝丫上冒出了嫩绿的新芽，微风拂过，嫩叶轻轻摇摆，像是在和我们打招呼。

操场边的花坛里，各种花朵竞相开放，红的似火，粉的如霞，白的如雪。蜜蜂在花丛中忙着采蜜，蝴蝶在花间轻盈起舞，为校园增添了无限生机。

教学楼前的草坪上，小草从泥土中探出了脑袋，绿油油的，踩上去软绵绵的，像是一块天然的地毯。同学们在草坪上嬉戏玩耍，欢声笑语回荡在空气中。

春天的校园不仅充满了知识的气息，也洋溢着青春的活力。在这里，我们感受到了大自然的美好，也在学习中不断成长。

未来你会发现，无论是写作文、编故事，还是优化已有内容，DeepSeek 都能协助你更快、更好地完成。这才是高效写作的新时代。

接下来，我会逐步讲解更多具体的操作方法和实战应用，让 DeepSeek 真正成为你的"写作搭档"。

翻译与语言处理应用：让 DeepSeek 帮你翻译和改写

DeepSeek 不仅是你的"语言翻译器"，更是"表达优化大师"，能够理解语境、调整语气，确保翻译内容既准确又专业。无论是写英文作文，还是翻译课外读物，都能轻松搞定。

（1）功能亮点

多语言翻译：支持中英互译、中文与日语、法语、德语等多种语言间的高质量翻译，帮助你与世界无障碍沟通。

精准语言风格调整：根据不同的场景要求，提供正式、学术、轻松等多种风格选择，确保符合目标读者的期望。

英文改写与润色：针对英文邮件、论文等正式场合内容，优化措辞、句式，使其更符合英语母语者的表达习惯，避免"直译感"。

自动语法纠正：在翻译或改写过程中，自动检查语法、拼写和标点，确保内容零错误。

（2）应用场景

学习英语：在学习英语的过程中，遇到难以理解的句子或需要翻译的段落，DeepSeek 能快速提供准确的翻译和地道的表达。

英语写作：无论是写英文作文还是给外国朋友写信，DeepSeek 都能帮你优化语言，让你的表达更有说服力。

阅读外文书籍：在阅读外文书籍或文章时，遇到不懂的单词或句子，DeepSeek 可以帮你翻译并解释，让你更好地理解内容。

（3）示例指令与效果

指令 1：请帮我把这段中文翻译为英文，并优化表达。

原文：这篇文章的主题是 AI 如何改变未来教育。

AI 翻译与优化结果：

This article explores how AI is reshaping the future of education.

（翻译时优化了句式，表达更地道、流畅。）

指令 2：帮我改写这封英文邮件，使其语气更专业。

原文邮件：

Hi John,

I want to discuss a problem we had last week. We couldn't complete the project on time because of some unexpected issues. Can we schedule a call tomorrow？

AI 改写后：

Dear John,

I hope this message finds you well. I would like to discuss some challenges we encountered last week that caused delays in the project timeline. Would you be available for a call tomorrow to review the situation and explore potential solutions？

（AI 将邮件改写得更加正式、专业，提升了语气的礼貌性和层次感。）

（4）扩展功能推荐

实时翻译协助：在学习外语或与外国朋友交流时，DeepSeek 可实时翻译发言并调整措辞，让沟通无障碍。

精准语义润色：DeepSeek 可自动识别文本的语境，并进行精准润色，使句子更加流畅自然，同时确保语义准确无误，提升内容的专业性和可读性。

无论是学习英语还是学习其他语言，DeepSeek 都能灵活调整语言风格，让你的每一句话更符合目标需求。

5 编程与代码生成应用：
让 DeepSeek 帮你写代码、改代码

DeepSeek 是你的贴身"编程助理"，不仅能帮你写代码、优化逻辑，还能迅速定位和修复代码中的错误。对于编程新手和资深开发者来说，它都是提升效率的利器。

（1）功能亮点

代码编写：支持多种编程语言（如 Python、JavaScript、C++、Java、SQL 等），根据需求生成函数、模块，甚至完整的项目代码。

代码优化：分析现有代码，优化逻辑结构、变量命名和性能，使代码更加高效、可读。

Bug 修复：自动检查代码中的语法、逻辑错误，帮助你快速修复并提供优化建议。

算法与解决方案生成：针对算法问题或复杂的逻辑，DeepSeek可根据需求提供标准化的实现方案。

（2）应用场景

项目开发中的快速原型：如果你需要快速实现一个功能，DeepSeek 可生成初步代码，让你更快进入测试阶段。

调试和错误修复：当代码运行出错时，AI 可自动分析错误的原因，提供修复建议，减少调试时间。

学习与教学辅助：对于编程学习者，AI 可以帮助理解算法思路、生成示例代码并解释关键步骤。

跨语言迁移：将一个功能从 Python 迁移到 Java 或其他语言，AI 可快速完成代码重构。

（3）示例指令与效果

指令 1：用 Python 写一个简单的计算器，支持加减乘除。

AI 生成的 Python 代码：

python

复制编辑

```python
def calculator():
    print(" 欢迎使用简单计算器！ ")
    print(" 操作：加 (+)，减 (−)，乘 (*)，除 (/)")
    num1 = float(input(" 请输入第一个数字 : "))
    operator = input(" 请选择操作符 (+, −, *, /): ")
    num2 = float(input(" 请输入第二个数字 : "))
    if operator == '+':
        result = num1 + num2
    elif operator == '−':
        result = num1 − num2
    elif operator == '*':
        result = num1 * num2
    elif operator == '/':
        if num2 != 0:
            result = num1 / num2
        else:
            result = " 除数不能为零！ "
    else:
```

```
        result = " 无效的操作符。"

    print(f" 结果：{result}")

calculator()
```

（这个简单的交互式计算器，用户输入数字和操作符即可得到计算结果。）

指令 2：帮我优化这段 Python 代码，减少冗余逻辑。

原始代码：

python

复制编辑

```
if age >= 18:
    print(" 成年人 ")
else:
    if age < 18 and age >= 13:
        print(" 青少年 ")
    else:
        print(" 儿童 ")
```


AI 优化后：

python

复制编辑

```python
if age >= 18:
    print(" 成年人 ")
elif age >= 13:
    print(" 青少年 ")
else:
    print(" 儿童 ")
```

（优化后的代码结构更加简洁，去除了不必要的条件判断。）

指令 3：帮我修复这段 SQL 语句的错误。

原始 SQL 语句：

sql

```sql
SELECT name, age,  FROM students WHERE age > 18;
```

AI 修复并优化：

sql

```sql
SELECT name, age FROM students WHERE age > 18;
```

（去掉了多余的逗号，保证 SQL 语句的正确执行。）

（4）扩展功能推荐

API 集成辅助：如果你需要集成外部 API（应用程序编程接口，Application Programming Interface，简称 API），DeepSeek 可以帮你快速生成调用代码。

文档生成：为你的代码生成自动化注释和文档，提升协作效率。

安全检查：在提交代码前，DeepSeek 自动检测潜在的安全漏洞，给出修复建议。

无论是执行简单任务还是开发复杂项目，DeepSeek 都能提供即时编程支持，让你摆脱低效。

第二章

DeepSeek
的高级玩法

　　前面我们学习了 DeepSeek 是什么、它的核心能力、基础应用，及其基本操作。如果你已经成功注册了 DeepSeek，并且尝试过输入指令，那么恭喜你，你已经迈出了使用 AI 的第一步！

　　但是，你可能会发现：

- AI 有时候给的答案不够精准。

- 虽然 AI 写出的文章质量还可以，但不太符合自己的风格。

- AI 能把用户要求的代码写了出来，但不一定是最优解。

　　这里我就来教大家如何更深入地使用 DeepSeek，帮你掌握其高级玩法。

如何让 DeepSeek 更"听话"

很多人第一次用 DeepSeek 时，会发现它有时候给出的答案很精准，但有时候却比较一般。这是为什么呢？其实很简单，因为它需要清晰的指令。如果你的问题模糊不清，DeepSeek 也会给出模棱两可的答案。

那么，怎样才能让 DeepSeek 生成高质量的回答呢？关键就在于学会正确提问。

（1）问题具体化：告诉它你要什么，不要什么

如果你只是简单地问 DeepSeek"帮我提高成绩"或者"给我一些学习方法"，它可能会给你一些笼统的建议，比如"多做练习，合理安排时间"等，但这些建议对你来说可能没有太大的帮助。想要得到更精准的答案，你需要明确自己的需求。

示例：我的数学成绩不太理想，特别是几何部分。你能帮我整理一些常见的几何题型和解题思路吗？要求适合基础一般的学生。

错误举例：帮我提高数学成绩。

优化后：

在数学几何部分总是丢分，能帮我总结一下初中几何中"相似三角形"和"全等三角形"的常见题型及解题技巧吗？最好附上例题和详细解答。

这样，DeepSeek 就能更精准地提供帮助，而不会给出太宽泛的答案。

（2）拆分任务：把复杂任务拆成几步，让它逐步完成

如果一次性让 DeepSeek 完成太多任务，可能会导致回答不够详细或者缺乏条理。你可以将任务拆分成几个小步骤，让 DeepSeek 逐步完成。

示例：我需要准备一场英语演讲比赛，帮我设计一个完整的准备流程。

错误举例：帮我准备一场英语演讲比赛。

优化后：

我需要准备一场英语演讲比赛。

第一步，帮我推荐一些适合中学生的英语演讲主题。

第二步，给我一些撰写演讲稿的建议，包括结构和语言风格。

第三步，给我提供一些演讲技巧，比如肢体语言和语音语调。

这样，DeepSeek 就能一步步帮你完成任务，确保内容更有条理。

（3）设定角色：让它扮演特定身份

如果你希望 DeepSeek 给出更专业的建议，可以让它扮演某个角色，这样它的回答会更加符合你的需求。

示例：假设你是一位经验丰富的数学老师，帮我分析这次数学考试的错题，找出我的薄弱环节，并给出改进建议。

错误举例：帮我分析一下数学错题。

优化后：

你是一位经验丰富的数学老师，帮我分析一下我这次数学考试的错题，特别是选择题第 5 题和解答题第 3 题。请指出我的解题思路是否正确，以及哪些知识点需要重点复习，并给出针对性的改进建议。

通过设定角色，DeepSeek 会提供更专业、更符合你的需求的回答。

（4）提供示例：给它一个参考，让它按照你的风格生成内容

如果你希望 DeepSeek 生成的内容符合你的学习习惯，可以给它一个参考示例，这样它就能按照你的风格进行回答。

示例：我喜欢用思维导图来整理知识点，能帮我生成初中物理力学部分的思维导图框架吗？

错误举例：帮我总结一下初中物理的力学部分。

优化后：

我习惯用思维导图来整理知识点，帮我生成初中物理力学部分的思维导图框架，包括牛顿三定律、压强和浮力等。请参考我之前整理的电学部分的思维导图风格。

这样，DeepSeek 就能按照你的学习方式进行整理，生成更符合你的习惯的内容。

知识整理与归纳：
让 DeepSeek 帮你吸收和理解

在学习过程中，知识整理和归纳是非常重要的环节。它不仅能帮助你更好地理解和记忆知识点，还能为你的考试复习提供清晰的结构，让你的思维更加有条理。DeepSeek 在这方面可以发挥重要作用，帮你快速、高效地整理各学科的知识。

使用 DeepSeek 进行知识整理和归纳时，可以使用以下方法。

（1）明确整理目标

在使用 DeepSeek 之前，首先要明确整理的范围和重点。是某一学科的特定章节，还是某一类知识点的归纳？只有目标清晰，DeepSeek 才能提供有针对性的帮助。例如，如果想整理初中物理的电学知识点，可以这样提问："帮我整理初中物理电学部分的所有知识点，包括概念、公式和常见题型。"这样，DeepSeek

会给出一个完整的知识整理，而不是问像"整理一下物理知识点"这种模糊的问题，可能导致内容过于宽泛，无法满足实际需求。

（2）拆分知识模块

许多学科的知识点数量庞大，一次性整理所有内容可能会显得杂乱无章。可以将知识点拆分成更小的单元，按顺序整理。例如，想要整理初中英语语法，可以分步进行："第一步，整理名词的相关知识点，包括可数名词和不可数名词的用法；第二步，整理动词的相关知识点，包括时态和语态；第三步，整理形容词和副词的比较级和最高级用法。"这样比单纯输入"帮我整理英语语法"要更高效，DeepSeek 也能给出更详细的解答。

（3）设定整理框架

为了让整理出的知识更有条理，可以提前设定一个框架，让 DeepSeek 按照指定结构生成内容。例如，如果要整理中国古代史，可以要求它按照朝代顺序整理，每个朝代从政治、经济、文化三个方面进行归纳，而不是简单地让它"整理中国古代史知识点"。这样，DeepSeek 提供的内容会更加系统化，更利于学习和记忆。

（4）提供参考示例

如果你已经有整理过的笔记，或者希望按照某种固定格式进行归纳，可以提供示例给 DeepSeek 作为参考。例如，如果你曾经按照"实验目的—实验步骤—实验现象—实验结论"的方式整理过初中化学的实验部分，现在可以让 DeepSeek 以相同的格式整理元素化合物的知识点，如"氧气、氢气、二氧化碳等常见元素化合物的性质、制法和用途"。这样整理出来的内容会更符合个人的学习习惯，更容易吸收和理解。

（5）利用 DeepSeek 进行拓展

除了整理已有知识点，还可以让 DeepSeek 帮助拓展相关内容。例如，DeepSeek 已经整理了初中生物的生态系统知识，那么你可以要求它补充一些生态系统的具体案例，比如森林生态系统和海洋生态系统的特点、生物多样性及生态平衡案例。这样可以拓展知识的广度，加深对知识点的理解。

（6）实际操作步骤

使用 DeepSeek 进行知识整理，可以按照以下步骤进行操作：首先，明确要整理的知识点，并输入清晰的指令，例如："我需要整理初中数学几何部分的知识点，包括相似三角形和全等三角形的判定方法、性质及常见题型。"其次，查看 DeepSeek 生成的内容，判断其是否符合需求。如果你觉得不够详细，可以补充要求，让它提供更具体的信息，如"能否举几个例题详细讲解"。整理完成后，可以使用电子笔记或手写笔记的方式归纳总结，并结合练习题进行巩固。

通过这些方法，你可以充分利用 DeepSeek 进行知识整理和归纳，使学习更加高效、有条理，为复习和考试做好充分准备。

学习效果反馈：
让 DeepSeek 帮你补足薄弱环节

学生在学习过程中，了解自己的学习效果至关重要。因为只有及时发现问题并调整学习方法，才能更高效地提升成绩。DeepSeek 可以在这个过程中发挥重要作用，帮助你检测知识掌握情况、分析错题、调整学习计划，并提供有针对性的学习建议。

（1）利用提问检测知识掌握程度

DeepSeek 可以充当"智能提问助手"，帮助你检测对知识点的掌握情况。你可以让它提出与所学内容相关的问题，通过回答这些问题，判断自己是否真正理解了知识点。

例如，如果你想检测自己对初中物理力学部分的掌握情况，可以这样提问："我想知道自己对初中物理的力学部分的掌握情况，可以出几道不同难度的力学题目来测试我一下吗？"这样比简单地说"帮我检测一下物理学习效果"更精准，能让 DeepSeek 给出更有针对性的测试内容。

（2）分析错题，了解薄弱环节

除了做题检测学习效果，还可以利用 DeepSeek 进行错题分析，找出自己的知识盲区。例如，如果在考试中做错了一些数学题，可以这样提问："我在这次数学考试中做错了一些题目，你能帮我分析一下做错的原因吗？是知识点没掌握好，还是解题方法有问题？"这样能让 DeepSeek 具体分析错误的类型，帮助你更有效地复习和改进。

（3）根据学习效果调整学习计划

DeepSeek 可以根据学习反馈，帮助你制订个性化的学习计划，使学习更加有针对性。例如，如果你通过测试发现自己在英语听力和写作方面较为薄弱，可以这样提问："结合我的测试结果和错题分析，我发现自己的英语听力和写作部分比较薄弱，你能帮我制订一个为期一个月的英语学习计划吗？每天的学习任务要具体到听力和写作的练习内容，以及需要达到的目标。"这样能让 DeepSeek 提供更详细的学习安排。

（4）设定学习目标和进度

在制订学习计划的同时，可以让 DeepSeek 帮助你设定具体的学习目标，让自己更有动力去完成学习任务。例如，你可以这样提问："我的数学成绩一直不太理想，我想在下次考试中有所提升，你能根据我目前的学习情况，帮我设定一个具体的学习目标吗？比如在哪些知识点上需要提高多少分，以及每天需要花多少时间来学习？"这种问题比"帮我设定一个学习目标"更加具体，能让 DeepSeek 提供更有可操作性的建议。

（5）提供学习方法建议

如果在学习过程中遇到困难，DeepSeek 还能提供具体的学习方法，帮助你更高效地解决问题。例如，如果你在学习化学元素周期表时总是记不住元素的符号和性质，可以这样提问："我在学习化学元素周期表时遇到了困难，总是记不住元素的符号和性质，你能给我推荐一些适合我的记忆方法吗？比如联想记忆法、图表记忆法等？"这样可以让 DeepSeek 提供的建议更加贴合你的需求。

(6) 分享高效学习策略

除了帮助你解决具体的学习问题，DeepSeek 还能分享一些高效的学习策略，让你的学习变得更高效。例如，如果感觉学习效率不高，你可以这样提问："我感觉自己的学习效率不高，你能分享一些提高学习效率的方法吗？比如如何制订合理的学习时间表，避免学习时分心，以及如何做好课堂笔记和课后复习笔记？"

(7) 跟踪学习进度和成果

DeepSeek 还可以帮助你定期反馈学习进展，了解自己在学习过程中的成长和不足。例如，如果你已经按照学习计划学习了一段时间，可以这样提问："我按照你制订的学习计划已经学习了一周，你能帮我详细评估一下我的学习进展吗？比如我在数学解题速度和准确率上有没有提高，在英语单词记忆和语法运用上有没有进步？"这样能让 DeepSeek 提供更具体的反馈，有助于你及时调整学习策略。

（8）总结学习成果和经验

在学习过程中，定期总结学习成果和经验，可以让你更好地认识自己的优点和不足，进一步优化学习方法。例如，经过一段时间的努力，你发现自己的成绩有所提高，可以这样提问："经过这段时间的努力学习，我的成绩有了一定的提高，你能帮我总结一下我的学习成果和经验吗？比如在哪些学科上取得了明显的进步，在哪些学习方法上找到了适合自己的方式，以及在学习态度和习惯上有哪些改进？"让 DeepSeek 进行系统总结，使自己的学习方法更加完善。

通过以上方法，你可以充分利用 DeepSeek 反馈学习效果，及时发现问题、调整方法，使学习更加高效，提高成绩。

书海遨游：让 DeepSeek 成为你强大的阅读助手

阅读是获取知识、拓宽视野的重要途径。然而，许多同学在阅读时会遇到一些困难，比如学业繁忙，难以找到足够的时间沉浸在书籍中；面对海量书籍，不知道如何挑选适合自己的读物；有些书内容晦涩难懂，导致阅读兴趣下降。DeepSeek 可以帮助你解决这些问题。它能根据你的阅读水平和兴趣推荐合适的书籍，还能梳理文章结构、提炼核心观点、提供阅读策略，让阅读变得更加高效、有趣，帮助你养成良好的阅读习惯。

（1）理解文章主旨，提炼核心观点

当我们拿到一本书或一篇文章，尤其是议论文或古文时，往往会觉得信息复杂，不知道重点在哪里。DeepSeek 就像一个经验丰富的向导，帮助你快速抓住文章的核心内容。例如，在一篇关于人工智能的文章里，DeepSeek 可能会锁定"人工智能正在改变我们的生活方式，但同时也带来了新的挑战"这样的句子，并告诉你这就是文章的中心思想。

它还会帮助你整理文章的核心观点，把零散的信息像拼图一样拼起来。例如，在一篇关于教育改革的文章里，DeepSeek 可能会提炼出"传统教育注重知识灌输，现代教育更强调能力培养""教育改革需要政府、学校和家庭共同努力"等重要观点，让内容一目了然。

在阅读经典作品时，DeepSeek 也能帮助你理解深奥的思想。例如，有同学在读《论语》时，觉得文字古奥，难以理解。DeepSeek 可以帮你分析内容，提炼出"仁""礼"是《论语》的核心思想，并结合现代社会的实际情况进行解释，使抽象的概念变得更加清晰。

（2）分析文章结构，梳理文章逻辑

文章的结构就像房子的框架，而逻辑则是连接各个部分的纽带。如果不能理清文章的结构和逻辑，就像在一座黑暗的房子里摸索，难以找到正确的方向。DeepSeek 可以帮助你分析文章的层次结构，揭示各部分之间的关系，使文章脉络更加清晰。

例如，在一篇关于"科技改变生活"的文章里，DeepSeek可能会指出：第一部分讲科技带来的便利，第二部分讲科技带来的挑战，这两部分是并列关系，第三部分则讨论如何应对科技带来的挑战，与前两部分形成因果关系。通过这样的分析，我们不仅能更好地理解文章，也能在写作时有意识地运用类似的逻辑结构，使表达更加清晰有力。

有些同学在写作文时，容易把观点和例子混在一起，导致逻辑混乱。DeepSeek可以分析优秀作文的结构，展示如何先提出观点，再用事实或例子加以论证，最后进行总结归纳。按照这样的逻辑来写作文，文章一定会更有条理。

（3）提升阅读技巧，培养阅读习惯

许多同学在阅读时存在"走马观花"的问题，看完一篇文章或一本书后，很快就忘了内容。DeepSeek可以提供多种阅读技巧，帮助你更高效地理解和记忆文本。

首先，它可以教授如何快速浏览文章，找到关键信息。例如，可以先看标题、开头和结尾，抓住主要内容，再通过阅读每段的第一句话，了解各部分的核心信息。

此外，DeepSeek还能帮助你精读。例如，当遇到不熟悉的词语时，它可以提供解释；遇到复杂的句子时，它可以拆分结构，让意思变得更清楚。有同学在读《百年孤独》时，被书中复杂的家族关系难住，DeepSeek 帮助他梳理家族关系，使阅读变得轻松许多。

很多同学想养成良好的阅读习惯，但往往三分钟热度，难以坚持。DeepSeek 可以帮助你制订个性化的阅读计划。例如，如果你希望在一个月内读完一本书，DeepSeek 可以根据你每天的学习时间和阅读速度，将书籍内容分成小部分，并安排每天的阅读任务，使目标更容易实现。

（4）精准推荐好书，拓展阅读视野

挑选合适的书籍往往是一个难题。有时候，我们按照老师或家长的建议阅读，但未必对这些书感兴趣；有时候，我们随便选一本书，结果发现读不下去。DeepSeek 可以根据你的个人兴趣和阅读水平推荐书籍，使阅读体验更加愉快。

例如，如果你喜欢冒险故事，DeepSeek 可能会推荐《鲁滨孙漂流记》，讲述主人公如何在荒岛上求生的经历。如果你喜欢温馨的校园故事，它可能会推荐《草房子》，带领你感受童年的美好和成长的烦恼。如果你对科幻感兴趣，DeepSeek 可能会推荐《三体》，引导你探索宇宙的奥秘和未来科技如何发展。

DeepSeek 还会根据你的阅读水平调整推荐内容。如果你的词汇量较少，它会推荐语言较为简单的读物；当你的阅读能力提高后，则会推荐内容更丰富、表达更复杂的书籍，帮助你不断提升阅读水平。

（5）介绍作者背景及其他知识背景

理解一本书，不仅需要阅读内容本身，还需要了解作者的背景和创作时代。DeepSeek 可以提供作者生平、创作背景、时代背景等信息，帮助你更深入地理解作品的内涵。

例如，在阅读《红楼梦》时，DeepSeek 可以介绍曹雪芹的生平经历，说明他如何以家族的兴衰为蓝本创作这部小说，并解释当时的社会环境对小说内容的影响。这样一来，书籍内容就不再是单纯的文字，而是与历史、文化紧密相连，使阅读体验更加立体。

有同学在阅读《巴黎圣母院》时，被书中的建筑描写难住了。DeepSeek 可以提供巴黎圣母院的图片，并结合书中内容进行讲解，使抽象的文字变得生动形象，让你仿佛亲眼看到了这座宏伟的建筑。

（6）做好阅读笔记，积累写作素材

阅读笔记是提高阅读质量的重要工具，但很多同学不知道该如何记录。DeepSeek 可以帮助你筛选书中的重要内容，并指导你如何写阅读感想，使笔记更有价值。

例如，在阅读《朝花夕拾》时，DeepSeek 可能会挑选出"但那时却是我的乐园"这样的句子，并解释这句话为什么重要，如何表达了作者对童年的怀念。你可以将这些重点句子记录在笔记中，作为写作时的素材。

DeepSeek 还会引导你思考，帮助你整理阅读感悟。例如，在阅读《钢铁是怎样炼成的》后，DeepSeek 可能会问："保尔·柯察金的经历让你想到了什么？如果你在生活中遇到困难，会像他一样坚持下去吗？"然后，它会帮助你整理答案，使阅读笔记更加完整。

阅读是一扇通向更广阔的世界的大门，而 DeepSeek 就像一个可靠的向导，帮助你更高效地阅读、深入地理解，让你的每一次阅读都成为一场收获满满的旅程。

5 如何用 DeepSeek 学好英语

对于学生们来说，英语学习一直是重点也是难点，DeepSeek 为学生学习英语提供了一个非常便捷、高效的学习平台。它可以帮你全方位提升英语能力，听、说、读、写、译都可以做。你还可以用它来准备英语考试，让它给你打分。你甚至可以让它成为你的口语提问官，轻松攻克英语口语这一难关。相信在英语学习的道路上，有了 DeepSeek 的助力，你一定能够取得更大的进步。

（1）词汇积累

词汇是英语学习的基石，没有足够的词汇量，就像盖房子没有砖块一样。DeepSeek 有着海量的英语词汇资源，并且可以通过多种方式帮助我们记忆单词。

首先，它能根据你的英语水平和学习目标，制订个性化的词汇学习计划。比如，对于初学者，它会从基础的日常用语词汇开始，像 "apple（苹果）" "book（书）" 等简单单词；而对于水平较高的学生，则会推送一些学术性较强、难度较大的词汇，如 "quantum（量子）" "paradigm（范式）" 等。

其次，DeepSeek 还会将要背的单词按照一定的规律进行分类，比如按主题分类，像食物类、交通工具类等，这样能让你在记忆单词时形成系统的思维，更容易记住。

最后，你还可以要求 DeepSeek 把你最近学到的单词生成一篇小短文。这个方法能大大加深你对单词的记忆，有效提升词汇运用能力，同时锻炼你的写作和语言组织能力，让你可以合理构建语句、连贯表达观点。

（2）语法学习

语法是英语学习的框架，掌握了语法，就能让英语表达更加准确、规范。DeepSeek 在语法学习方面也能起到很大的作用。

你可以让 DeepSeek 将复杂的语法知识进行拆解，以简单易懂的方式呈现出来。比如在讲解定语从句时，让它先通过一些简单的例句帮你初步了解定语从句的概念和结构，然后逐步深入，讲解关系代词、关系副词的各种用法，以及定语从句在不同语境下的变化。你还可以让它根据你学习的进度，推送相应的语法练习题，这些练习题形式多样，有选择题、填空题、改错题等，帮你在练习中巩固语法知识。

同时，DeepSeek 还能帮你进行语法纠错。你在写作或者口语表达时，可以将自己的内容输入进去。它会快速找出其中的语法错误，并给出详细的解释和正确的表达方式。比如，你写句子"I have went to Beijing.（我去过北京。）"，它会指出"went"使用错误，应该用"been"，正确的句子是"I have been to Beijing."并且解释"have gone to"表示去了还没回来，"have been to"表示去了已经回来，帮助你深入理解语法的正确用法。

（3）听说训练 ①

能够流利地用英语进行交流是很多学生的梦想。AI 为学生提供了很好的听力和口语练习平台。你可以和它进行英语对话，就像和一个英语母语者聊天一样。它会根据你的对话内容，给出合适的回答，并且会对你的语法、词汇使用等方面进行评价和指导。比如你和它说："I want to go to the park.（我想去公园。）"它

---

① 注：目前 DeepSeek 无法直接接收语音消息，但可以通过语音转文字的形式接收信息，并通过文字回复的形式与用户进行英语对话。

会回答："That's a good idea! What do you want to do in the park? （这是个好主意！你想在公园里做什么？）"通过与 DeepSeek 的英语对话练习，你可以提高英语口语，能够更加自信、流利地用英语进行交流。

（4）案例实操

▶▶ 场景一

小明是一名初二学生，他的英语成绩一直不太理想，尤其因为词汇量匮乏，在阅读和写作方面困难重重。DeepSeek 根据小明的词汇水平，为他制订了一个每天学习 20 个新单词的计划。这些单词按照主题分类，比如第一周是关于学校生活的词汇，像"classmate（同学）""teacher（老师）""lesson（课程）"等。

当小明要求 DeepSeek 将今天要背的单词生成一篇不超过 150 字的短文时，DeepSeek 的回答如下：

Every day at school is busy and fun. In the classroom, students learn different subjects. The teacher gives lessons in math, English, science, history, geography, art, and music. During the break, we relax and play. Lunchtime is a good time to chat with friends. In the afternoon, we have PE class and do sports. We also do homework and prepare for exams. The grade is important to us. The schedule helps us manage our time. Schoollife is full of learning and activities.

这篇短文既把要背的单词都包含进去了，也把字数控制在了 150 字内，而且表达通顺、符合学校生活的场景。这篇短文不仅有助于背诵单词，还有助于小明的英语写作及口语表达能力的提升。

▶▶ **场景二**

小红是一名初三学生，她在英语语法方面一直存在很多困惑，尤其是时态和从句这两个部分。DeepSeek 成为她攻克语法难题的得力助手。

在学习时态时，DeepSeek 通过大量的例句和生动的讲解，让小红明白了各种时态的用法和区别。比如在讲解现在完成时和一般过去时的区别时，它用例句"I have finished my homework.（我已经完成我的作业。）"和"I finished my homework yesterday.（我昨天做了我的作业。）"让小红清楚地了解到现在完成时强调过去动作对现在的影响，而一般过去时只是单纯地描述过去发生的动作。

对于从句的学习，DeepSeek 先从简单句开始讲解，然后逐步引入定语从句、宾语从句、主语从句等，小红每学习一个从句类型，DeepSeek 都会按小红的要求推送相应的练习题让她巩固。同时，小红在做英语练习题时，遇到语法难题，就会将题目输入到 DeepSeek 中，让它详细地分析题目中的语法考点，指出小红的错误，并给出正确的答案和解释。

▶▶ **场景三**

小丽是一名初二学生，她性格比较内向，在英语口语表达方面一直很胆怯，不敢开口说英语。通过使用 DeepSeek 进行英语口语练习，小丽的口语能力有了显著提升，也更加自信起来。刚开始时，她的口语很不流利，但是 DeepSeek 会耐心等待她说完，指出她表述错误的地方，并给出正确示范，还会教她一些实用的口语表达方式。

小贴士

(1) 避免过度依赖: DeepSeek 虽然是一个很好的学习工具, 但不能过度依赖它。学习最终还是要靠自己的努力和实践, DeepSeek 只是起到辅助作用。要在使用它的同时, 注重课堂学习和自主学习, 将线上线下学习相结合。

(2) 注意保护视力: 长时间使用电子设备会对眼睛造成伤害。在使用 DeepSeek 学习时, 要注意每隔一段时间让眼睛休息一下, 可以远眺一下窗外的景色, 或者做一下眼保健操, 保护好自己的视力。

(3) 正确对待学习反馈: DeepSeek 会对你学习过程中的表现给予反馈, 你要正确对待这些反馈。对于它的赞许, 不要骄傲自满; 对于它指出的不足之处, 要虚心接受, 认真反思自己的学习方法, 不断改进, 提高学习效果。

3 用 DeepSeek 寻找 自己未来的职业方向

对同学们来说，未来的职业选择是一个既充满可能性又让人困惑的问题。如何找到适合自己的方向？哪些职业在未来更有发展前景？需要掌握哪些技能才能胜任理想的工作？DeepSeek不仅能在学习上为你提供帮助，还能成为你探索职业方向的得力助手。

（1）提供个性化的职业建议

每个人的兴趣、性格和能力都不一样，因此适合的职业也会有所不同。DeepSeek 可以通过分析个人的兴趣爱好、擅长的学科、思维方式等，为你提供个性化的职业建议。它还能结合在线职业测评工具，帮助你更准确地了解自己的特长和发展潜力。

例如，有同学对编程和数学特别感兴趣，DeepSeek 可能会推荐与数据分析、人工智能、软件开发相关的职业，并提供这些领域的基本入门知识；如果某位同学擅长沟通和写作，DeepSeek 可能会推荐新闻传播、市场营销、教育等方向。通过这样的分析，每个人都能更好地了解自己的优势，为未来的职业选择提供依据。

（2）预测职业发展趋势

职业市场不断变化，今天热门的工作，未来可能会被 AI 取代，而一些新兴职业则可能崛起。DeepSeek 能够分析大量的行业数据，预测哪些职业在未来具有发展潜力，并提供相关的信息，帮助你提前做好准备。

例如，DeepSeek 可能会指出，未来科技行业的岗位需求将持续增长，特别是在人工智能、区块链、大数据等领域；同时，它也可能提示某些传统行业正在经历变革，要求从业者具备更强的数字化技能。对于即将面临填报高考志愿的学生，DeepSeek 还能根据这些趋势提供参考，让他们在填报志愿时做出更理性的决定。

（3）提供职业信息和资源

了解一个职业，不仅要知道它的名称，还要清楚它的工作内容、发展前景、所需技能等。DeepSeek 可以提供详细的职业介绍，包括各行各业的特点、从业要求、行业动态等信息。同时，它还能推荐相关的学习资源，例如，职业技能培训课程、行业报告等，甚至是实习机会，让你在学习阶段就能为未来做好准备。

例如，如果某位同学对游戏开发感兴趣，DeepSeek 可能会推荐一些编程语言学习资源，如 Python、C++，并介绍游戏设计相关的职业路径；如果有同学对医学感兴趣，DeepSeek 可能会提供医生、药剂师、生物医学工程师等职业的详细介绍，并推荐相关的科普书籍和课程。

（4）如何正确利用 DeepSeek 进行职业规划

在利用 DeepSeek 探寻职业方向的过程中，你需要注意以下几点。

▶▶ 保持理性思考
虽然 DeepSeek 可以提供大量有用的信息和建议，但它的分析结果是基于大数据和算法的，可能会有一定的局限性。因此，在听取 DeepSeek 的建议的同时，也要结合自身的兴趣、实际情况以及现实社会的需求进行判断，而不是完全依赖 DeepSeek 给的结果。

▶▶ 注重实践经验

仅仅通过 DeepSeek 获取职业信息是不够的，还需要亲身体验。你可以通过实习、兼职、志愿者活动、社团活动等方式，深入了解不同职业的工作内容和环境。例如，如果你想成为一名医生，可以尝试去医院做志愿者，观察医生的日常工作；如果你对编程感兴趣，可以尝试参与编程竞赛，或者在开源社区贡献代码。实际体验可以帮助你更好地判断自己是否适合某个职业。

▶▶ 持续学习和提升

职业市场不断变化，只有不断学习新知识、掌握新技能，才能更好地适应未来的工作需求。你可以利用 DeepSeek 关注行业动态，了解未来的技术趋势，并制订长期的学习计划。例如，学一门新语言、掌握一项新的软件技能或提升自己的沟通能力。只有不断提升自己，你才能在未来的职业竞争中占据有利位置。

职业规划是一个长期的过程，没有固定的答案，也不需要一蹴而就。通过合理利用 DeepSeek，你可以更清楚地认识自己，了解世界的发展趋势，为未来的职业生涯打下坚实的基础。

第三章

DeepSeek
的深度定制

到目前为止，我们已经学习了 DeepSeek 的基础操作，也掌握了一些高级玩法。

但是，你可能会问：

- DeepSeek 可以更符合我的需求吗？

- 如果我想把它整合到其他工具里，应该怎么做？

- 有没有更高级的玩法，比如 API 调用？

答案是：可以。

下面我们就来探索 DeepSeek 的"深度定制"玩法，让它真正变成你的私人助手。

如何定制 DeepSeek 的工作方式

在与 AI 的交流中，你会发现对话越多，它就越能精准地理解你的需求。你甚至可以"反向提问"："在和我这么多次沟通中，你最了解我哪些学习习惯或生活需求，是我自己都没意识到的？"这不仅能让你收获意想不到的反馈，还能帮助你发现潜在的优化方向，充分利用 AI 提升学习和生活的效率。

（1）设定长期记忆，让 AI 记住你的学习和生活需求

就像人类助手一样，AI 可以通过长期记忆逐渐熟悉你的学习方式、学科偏好和生活喜好。想象一下，如果 AI 一开始就知道你擅长的科目、喜欢的学习风格、偏好的课外活动等，那么它在接下来的回答中就会更贴近你的需求。

▶▶ 为什么长期记忆很重要

减少重复输入：你不需要每输入一个问题都告诉它你是几年级、擅长哪些科目、喜欢什么样的学习资料。

更贴合你的需求：AI 会根据你提供的背景信息，生成更有针对性的答案，比如针对你薄弱的学科提供学习方法建议。

个性化理解：越多的互动会让 AI 越了解你的学习模式，甚至可以提前预判你想要的学习资源或生活建议。

▶▶ 你可以让 AI 记住什么

①你的学习情况

例如："我是一名初中二年级学生，数学和物理成绩较好，但英语阅读理解有待提高。"

②你的学科偏好

例如："我对理科特别感兴趣，尤其是物理和化学实验。"

③你的学习风格

例如："我喜欢简单直白的回答。""如果涉及数学题，请提供详细的解题步骤。"

④你的生活喜好

例如："我喜欢在周末参加户外运动，尤其是篮球。""请记住，我的长期目标是考上重点高中。"

（2）哪些东西不要让 AI 记住

虽然 AI 能通过长期记忆给你提供更精准、更个性化的回答，但我们也需要注意到，有些信息涉及隐私或敏感内容，不宜让 AI 存储或记录。

▶▶ 个人敏感信息

身份信息：身份证号、学生证号等。

家庭财务信息：父母的银行卡号、家庭财产状况等。

健康数据：个人的体检报告、就医记录等。

▶▶ 如何保护你的隐私

使用安全平台：确保你使用的 AI 平台具备数据加密和隐私保护措施。

定期清理数据：定期删除 AI 存储的历史记录，降低信息被泄露的风险。

（3）如何操作 DeepSeek 的长期记忆

DeepSeek 是通过"记住并理解你的需求"来提高回答的精

准度。它背后的逻辑很简单——当你在对话框中输入背景信息时，AI 会将这些信息存储到它的"长期记忆系统"中，类似于人类大脑的"长期记忆区"。当你在对话中提出新问题时，AI 会自动参考这些记忆内容来调整答案，让回答更贴近你的实际需求。

▶▶ 操作步骤简单明了

- 进入 DeepSeek 界面。
- 输入你希望 DeepSeek 记住的背景信息或需求指令。
- 按回车键，开始使用。

▶▶ 示例指令

请记住，我是一名初中二年级学生，需要你提供数学解题思路、英语阅读技巧和化学实验报告的写作建议。

▶▶ AI 长期记忆背后的技术解释

DeepSeek 会将你在对话框中输入的背景信息存入它的"长期记忆存储模块"，这个模块的原理类似于数据库中的"用户偏好数据表"。当你输入问题时，AI 会通过"背景匹配算法"扫描它的长期记忆，将你的需求和问题进行"语义关联"，然后根据你提供的上下文信息生成更有针对性的回答。

▶▶ 示例效果

当你输入上文中提到的背景信息之后，向 AI 提问："帮我分析一下如何提高英语阅读理解能力。"

AI 回答优化示例：

作为一名初中二年级学生，我建议你从以下几个方面提高英语阅读理解能力：一是扩大词汇量，每天背诵一定数量的单词，并通过阅读文章来巩固记忆；二是多读多练，可以选择一些适合你的英语水平的读物，如简易英语小说、英语报纸等，提高阅读速度和理解能力；三是学会分析长难句，掌握一些语法知识，有助于更好地理解文章的结构和意思。

▶▶ 为什么长期记忆能显著提高效率

无须重复输入：无须每次输入问题时都解释你的学习情况，AI 会自动记住并优化。

提升回答精准度：AI 会根据你的学习需求，筛选出更相关的答案。

节省时间：不用再筛选大篇幅的回答，AI 会直接告诉你最有用的信息。

例如，你是一名初中二年级的学生，AI 不会给你讲解小学基础知识。

（4）扩展应用场景

学习方面：记住你的学习目标、薄弱学科等，AI 能直接提供针对性的学习方法和学习资源。例如，记住"我的数学成绩有待提高，特别是几何部分"，AI 会根据你的需求提供几何题的解题思路和练习题。

生活方面：记住你的生活喜好、日常安排等，AI 能为你提供合理的生活建议和时间管理方案。例如，记住"我喜欢在周末打篮球，但平时学习时间紧张"，AI 会根据你的日程安排，为你制订合理的学习和运动计划。

▶▶ 自定义指令与个性化回答

AI 不仅能通过长期记忆了解你的学习和生活需求，还能通过个性化指令和风格模仿，让它变得更像你的分身。无论你需要详细的学习方法、简洁的学习总结，还是针对特定学科的深度分析，它都能快速适配，减少沟通和修改的时间。

①回答风格

正式风格：适合学习报告、学术交流等场合。

轻松幽默：适合与同学交流学习心得、分享生活趣事等场合。

逻辑严谨：适合解决复杂的数学题、物理题等需要严谨思维的问题。

②回答方式

详细讲解：层层剖析，适合对新知识进行深入学习。

简洁总结：适合快速回顾知识点、整理笔记等。

逐步拆解：将复杂的问题分解为易懂的步骤，适合解决难题或进行项目策划等。

③专业度要求

学术型：提供严谨的学习方法、参考资料等。

生活实用型：结合实际生活场景给出简单易行的建议，如时间管理、生活习惯养成等。

兴趣爱好型：针对你的兴趣爱好提供相关的知识和建议，如篮球技巧、音乐欣赏等。

▶▶ 示例指令

· 请你用轻松幽默的风格回答我的问题，但保证内容有深度。

· 请用 3 点总结的方式回答，不要超过 100 字。

· 回答数学问题时，请提供实际的解题步骤和思路。

AI 会根据你的指令自动调整回答风格，让你快速获得符合需求的内容，成为你学习和生活中的得力助手。

DeepSeek 让组织效率翻倍

如果你与同学们成立了学习小组或兴趣小组，可以把 DeepSeek 当作一个"虚拟助理"，因为它可以帮助你优化组织流程，提升沟通效率。

节省时间：你不需要手动整理讨论笔记，AI 可以帮你完成。

减少错误：AI 可按指令生成内容，不容易遗漏或出错。

智能任务分配：AI 可以帮你分析任务需求，提供任务分配建议。

（1）Notion：帮你整理学习文档，自动生成笔记

Notion 是一款常用的电子笔记工具，但手动整理大段讨论记录会耗费大量时间，DeepSeek 可以帮你提炼要点，快速生成总结，让你的笔记更直观、简洁。

示例指令 1：请将这段学习讨论记录整理成 3 个核心要点和 3 条待办事项。

示例指令 2：帮我总结这篇 600 字的文档，生成一段 100 字的简介。

（2）Slack：作为团队聊天机器人，随时解答问题或发通知

Slack 是团队沟通的重要平台，但烦琐的日常通知、重复性问题会占用大量时间。DeepSeek 可以帮你创建并设置 Slack 聊天机器人，发送提醒、解答学习问题。

示例指令 1：请帮我写一封 Slack 通知，提醒小组成员明天下午 3 点参加文艺汇演节目讨论会。

通知示例：

讨论会通知

各位小伙伴，明天下午 3 点将在教室 201 举行文艺汇演节目讨论会，请按时参加并准备好相关题目和笔记。

示例指令 2：帮我在 Slack 中回复小伙伴们的提问：如何用 AI 工具提高学习效率?

回复示例：

大家好，可以尝试使用以下方法来提升学习效率：

- 使用 AI 工具整理知识点，生成学习笔记并总结。
- 使用 AI 工具优化学习计划、生成个性化学习方案。
- 在协作工具中集成 AI，节省小组分配任务的时间。

（3）Trello：帮你生成任务清单，自动分配任务

Trello 是常用的项目管理工具，但手动分配任务、撰写说明可能比较烦琐。DeepSeek 可以在 Trello 中通过集成的方式提供智能辅助，按指令生成任务清单，将任务智能分配给不同的成员，并附上截止日期和优先级。

示例指令 1：请根据这段有关文艺汇演的讨论记录生成一张任务列表，并分配任务。

输入的讨论要点：

- 文艺汇演的舞台布置需要在两周内完成，包括背景设计、道具准备和音响调试。

· 节目排练需在三周内完成，涵盖舞蹈、合唱和小品等节目。

· 班级宣传海报需在活动前一周完成，张贴在学校公告栏上和教室里。

示例：

任务 1：文艺汇演舞台布置

负责人：小明

截止日期：2 周内

优先级：高

任务说明：负责舞台背景设计、道具准备和音响调试，确保舞台效果符合演出要求。

任务 2：节目排练安排

负责人：小红

截止日期：3 周内

优先级：高

任务说明：负责舞蹈、合唱和小品等节目的排练安排，制订排练计划，并监督节目排练的进度，确保节目质量。

任务 3：宣传海报制作

负责人：小李

截止日期：1 周内

优先级：中

任务说明：负责设计和制作宣传海报，张贴在学校公告栏上和教室里，宣传活动内容和时间。

（4）MidJourney：文案与视觉联动，打造学习作品

DeepSeek 可按指令生成文案，而 MidJourney 可根据提示生成配套视觉内容，形成高效的创意流程，快速生成学习或活动报告的配图与海报，助力成果展示。

▶▶ 合作场景示例 1：学习成果展示海报

①用 DeepSeek 生成海报文案

示例指令：帮我生成一篇关于数学学习成果的文案，风格轻松有趣。

文案示例：数学不再难！看看我们如何用几何题打开智慧之门，边玩边学，轻松掌握数学的奥秘！

②用 MidJourney 生成配图

示例指令：生成一张关于数学学习的配图，画面内容包括几何图形、学习工具、明亮的教室环境。

视觉示例：一张充满学习氛围和数学元素的图片，配合文案在学校展示板上发布，吸引更多同学关注学习成果。

▶▶ 合作场景示例 2：校园活动创意

DeepSeek：生成校园活动文案、邀请函和新闻稿。

MidJourney：制作校园活动的视觉概念图、宣传材料。

效果：视觉和文案协调统一，校园活动的吸引力更强。

小贴士

（1）如何将 AI 整合到工具中

Notion：在 Notion 中集成 AI 插件，或通过 API 接口调用 DeepSeek 提供的生成功能。

Slack：创建一个专属 AI 机器人，通过 Webhook（一种回调机制）或 AI 插件连接 Slack 频道，实时接收和响应指令。

Trello：在 Trello 中连接 AI 助手插件，或通过 Zapier 这样的自动化工具整合 DeepSeek 和 Trello。

（2）使用模板提高效率

针对常见任务（例如，会议总结、任务分配、通知发送等），你可以创建 AI 指令模板，快速调用，无须每次重新输入。

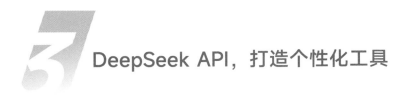

DeepSeek API，打造个性化工具

（1）什么是 DeepSeek API

DeepSeek 不仅仅是一个现成的 AI 工具，它更是一个强大的开发平台。通过 DeepSeek API，你可以将 AI 功能集成到自己的应用程序中，实现各种智能化的功能。这就好比你拥有了一个神奇的工具箱，可以根据自己的需求，打造出属于自己的个性化工具。

DeepSeek API 的强大之处在于它的灵活性和可定制性。与普通的 DeepSeek 工具不同，API 接口允许人们根据自己的需求，开发出个性化的智能应用。这意味着，你可以尝试创造出独一无二的学习和生活工具。

（2）DeepSeek API 的使用场景

个性化学习内容生成：DeepSeek API 可以根据你的学习情况和兴趣爱好，生成个性化的学习内容。例如，它可以为你生成符合你的学习水平的练习题、阅读材料等，让你在学习过程中更加有针对性地提高自己的能力。

自动化学习报告生成：在学习过程中，经常需要对自己的学习情况进行总结和分析。利用 DeepSeek API，你可以自动提取自己的学习数据，并生成简洁明了的学习报告。例如，你可以将自己一段时间内的学习数据（如错题记录、学习时间等）上传到 API，让 AI 分析并生成学习报告，帮助你更好地了解自己的学习情况。

智能生活助手：除了学习方面，DeepSeek API 还可以为你的生活带来很多便利。例如，你可以利用它创建一个智能生活助手，让 AI 帮助你管理日常事务，如提醒作业截止日期、安排学习计划等。

（3）如何调用 DeepSeek API

对于很多同学来说，调用 DeepSeek API 的操作可能会感觉有些复杂，但只要掌握了一些基本的编程知识，就可以轻松上手。以下是一个简单的示例，展示如何使用 Python 调用 DeepSeek API：

```Python
import requests
url = "https://api.deepseek.com/v1/chat"
payload = {
    "model": "deepseek-chat",
     "messages": [{"role": "user", "content": " 请帮我生成一份关于人工智能的学习报告 "}]
    }
response = requests.post(url, json=payload)
print(response.json())
```

DeepSeek API 为你提供了一个强大的工具，你可以借此开发出各种智能应用，满足个性化的需求。只要掌握了基本的编程知识，你就可以充分发挥自己的想象力和创造力，利用 DeepSeek API 打造出属于自己的个性化工具，让学习和生活更加精彩。

DeepSeek 的进化之路

DeepSeek 这款 AI 工具，就像一颗成长中的小种子，短短几年时间里，从一款新兴的人工智能模型，迅速成为世界各地人们学习和工作的好帮手。它为什么这么厉害？未来它还能变得更强吗？今天，我们就来看看 DeepSeek 是如何一步步成长起来的，以及未来会有哪些更酷的能力。

（1）DeepSeek 是如何火起来的

2023 年，DeepSeek 诞生，第一版 DeepSeek 在我国上线。它的厉害之处在于既强大又免费，让很多科技公司和研究人员都愿意去使用它、改进它，帮助它变得更聪明。

2024 年，DeepSeek 走向世界。DeepSeek-R1 版本发布后，它的性能更强，学习能力更好，很快就被北美、欧洲等地的公司和个人广泛使用，成为很多人日常学习和工作的"AI 助手"。

2025 年，DeepSeek 进入各个行业。DeepSeek 已经可以帮助人们做很多专业领域的事情，比如金融分析、广告策划、写作创作、市场营销等，变成了许多行业的"标配"工具。

（2）未来，DeepSeek 会变得更强大、更聪明

AI 发展得越来越快，DeepSeek 也在不断升级。未来，它会有哪些新的能力呢？

▶▶ 更强的记忆力：像你的专属学习助手

DeepSeek 未来会拥有更强的记忆力，不仅能在当前会话中保留上下文信息，还可通过 API 连接外部数据库，实现更长周期的个性化学习。

未来的 DeepSeek 可以这样帮你：

· 如果你喜欢写故事，DeepSeek 会记住你常用的写作风格、喜欢的题材，还会帮你找回之前写过的精彩段落，让你的创作更顺利。

· 如果你使用 DeepSeek 来准备考试，它能记住你在哪些知识点上容易出错，并且在你复习的时候提醒你多做练习，帮你巩

固知识。

>> **更精准的行业模型：针对不同行业提供定制化解决方案**

DeepSeek 会开发更精准的行业模型，满足不同行业的特定需求。

未来场景示例：

· 在金融行业，DeepSeek 可结合外部金融数据源（如彭博集团提供的 API 服务）分析市场趋势，并为金融分析师提供数据驱动的辅助决策，但不直接提供实时投资建议。

· 在医疗领域，通过医学领域的专属模型，DeepSeek 可辅助医生整理病例、生成医学报告摘要，并提供医学文献参考，但最终的诊断和治疗方案必须由专业医生决定。

· 在教育行业，DeepSeek 将整合 AI 学习助手模块，帮助学生进行个性化学习，快速掌握复杂概念。

技术解释：DeepSeek 的行业模型将基于"细粒度领域适配"的理念开发，通过大规模行业数据训练和专家反馈优化，使其在不同领域中表现出更高的专业性和准确性。

▶▶ 更深度的 API 连接：与更多第三方工具无缝对接

未来的 DeepSeek 将支持更丰富的 API 连接，轻松集成到各种应用和工具中。

未来场景示例：

- 在企业管理系统中，DeepSeek 可以通过 API 自动生成项目计划、任务分配和进度跟踪报告。

- 在电商平台中，DeepSeek 能分析销售数据，预测用户需求，并自动生成个性化营销方案。

- 与 MidJourney 或 Runway 等视觉工具合作，直接将生成的文案与图片或视频同步输出，实现全流程自动化。

技术解释：DeepSeek 的 API 系统将采用模块化架构，允许开发者快速对接不同的工具和数据源，并通过跨平台任务调度实现多系统协同工作。

（3）DeepSeek 会变成每个人的"超级搭档"

未来，DeepSeek 不只是一个帮助学习的工具，还是一个全能助手，可以陪伴你成长，帮你解决各种问题，甚至成为你的创意搭档。

未来的 DeepSeek 还能帮你做这些事：

· 生活助手：帮你制订健身计划、推荐健康饮食、规划出游行程，让你的日常生活更有条理。

· 创意搭档：帮你写文章、构思故事、作诗，甚至还能和你一起头脑风暴，启发你想出更有趣的创意。

· 知识解答专家：不管是数学题、历史事件，还是科学实验，DeepSeek 都能提供详细的解答，让你随时随地学到新知识。

（4）DeepSeek 的未来目标：更懂你、更专业、更好用

DeepSeek 未来会朝着三个方向进化：

更懂你：DeepSeek 会有更强的记忆功能，真正变成你的学习伙伴，了解你的学习习惯，帮你制定最适合你的学习方案。

更专业：DeepSeek 会成为各个领域的"专家"，为你提供专业的知识，帮助你提升不同学科的学习成绩。

更好用：支持更多软件和工具，打造无缝衔接的学习体验，让学习变得更加简单、高效。

（5）你的任务：让 DeepSeek 成为你的专属 AI 助手

想让 DeepSeek 更懂你吗？今天就来试试这些任务吧！

- 让 DeepSeek 记住你的学习需求：输入"请记住我的学习目标和薄弱学科"，让它更好地帮助你学习。
- 设定个性化回答方式：输入"请用简洁明了的方式回答问题"，让它用你喜欢的方式提供答案。
- 用 AI 解决你的学习问题：试试让 DeepSeek 帮你整理学习笔记、解答难题，看看它能为你带来哪些惊喜。

未来的 AI 世界将越来越精彩，而你，完全可以成为 AI 的"超级使用者"，和它一起探索更大的世界。

第四章

解锁 DeepSeek
的 7 大使用技巧

在 AI 时代，写作和信息处理已不再只是"动笔"的事，而是关于如何高效组织信息和创意。作为当前极具潜力的 AI 写作助手之一，DeepSeek 正在重新定义这一过程。然而，许多人尚未完全掌握它的核心功能和独门技巧。这里我们将深入探讨 7 种高效使用 DeepSeek 的方法，带你从入门到精通，轻松驾驭 AI 写作，让它成为你的创意加速器和效率提升器。

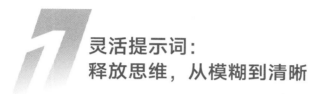

灵活提示词：
释放思维，从模糊到清晰

核心理念：在普通 AI 写作工具中，用户往往需要用结构化的提示词才能获得高质量的输出，但 DeepSeek"听得懂"你的日常语言。只要你说出需求，它就能灵活调整输出，从灵感发散到逻辑整理，一步到位。

（1）普通用法 VS 深度用法

▶▶ 普通用法（传统 AI 工具）

提示词必须精准且具备清晰的逻辑结构，类似"命令式"输入。

提示词：生成一篇介绍 AI 发展历史的 500 字文章。

▸▸ DeepSeek 深度用法

允许你用对话式或模糊性提问，无须刻意打磨提示词，像和朋友聊天一样，直接说出自己的灵感或困惑。

示例：

AI 是怎么发展的？用一个有趣的小故事介绍。

（2）场景示例

▸▸ 场景 1：写作灵感不足时

你在写作文，但不知道如何开头时，DeepSeek 可以根据模糊提示，给你提供多个写作方向。

提示词：介绍未来校园生活应该从哪些有趣的角度入手？帮我构思几段抓人眼球的开头。

示例：

假如你在未来校园里遇到了一个会飞的机器人老师，它会怎么给你上课？

▶▶ 场景 2：复习知识时

你需要整理一份历史复习资料，包含重要事件、人物和影响。如果在过去你可能要分多次输入具体问题，但现在你只需简单地概括目标即可。

提示词：帮我整理一份关于中国古代史的重要事件、人物和影响的复习资料。

效果：DeepSeek 能快速"猜出"你想要的重点，并生成清晰明了的复习资料，省去你手动分段输入的烦琐操作。

▶▶ 场景 3：需要创意建议时

你正在准备一场班级演讲，需要一些新奇的想法。直接告诉 DeepSeek 你目前的思路，让它帮你补充或拓展。

提示词：我要在班级演讲中讲一个关于环保的故事，帮我想出一个意外反转的情节。

输出示例：

主角在海边捡垃圾时，发现了一个神秘的瓶子，里面有一张地图，指引他找到了一个隐藏的环保基地。

▶▶ 快速对比示例

当你机械化输入：写一篇关于校园生活的文章，600 字。

AI 输出的内容往往千篇一律，缺少创意和层次感。

你模糊提问：校园生活中有哪些有趣的小细节？帮我从中挑一个话题写一篇趣味文章。

AI 输出更具吸引力，可能涉及校园里的小动物、课间游戏等引人入胜的情节。

DeepSeek 灵活提示词功能的核心价值在于降低门槛、解放思维、节省时间。你无须在提示词上花费过多的精力，DeepSeek 会主动适应你的思路，帮助你从"灵感零散"到"条理清晰"一步到位。

小贴士

（1）别害怕出错。DeepSeek 更像一个善解人意的助手，能从模糊的问题中提炼出清晰的答案。

（2）多提几个"灵感问题"。当你不知道如何下手时，可以让 DeepSeek 先列出几个思路或提纲，你再从中挑选最适合的。

（3）探索不同风格的对话。如带有情感描述的提问："假如我是一个害怕考试的学生，应该如何克服考试焦虑？"你会得到更具温度和情感化的输出。

核心公式：
精准提问，直击最佳输出

核心理念：当你告诉 AI 更多背景和目标时，它就像拥有"心灵感应"，能直接给你提供你最想要的结果。

核心公式："你是谁、要做什么、希望达到什么效果、担心什么"是使用 DeepSeek 的黄金秘诀，尤其适用于需要高质量、精准输出的场景。它能让 AI 根据你的特定需求调整语言、结构和风格，减少反复修改的时间。

（1）普通用法 VS 深度用法

▶▶ 普通用法（仅提供简单目标）

提示词：写一篇关于学习方法的文章。

效果：生成的文章可能过于宽泛，涉及的内容层次不清晰，且难以契合特定读者的口味。

▶▶ 深度用法（用核心公式丰富背景）

提示词：我是一位中学生，正在准备一篇关于如何提高数学成绩的文章。目标读者是中学生，文章要生动有趣，担心用太多复杂的公式会让人读不下去。

效果：DeepSeek 会自动识别目标群体，调整语气和用词，输出一篇既生动又贴近中学生需求的文章。

（2）场景示例

▶▶ 场景 1：校园活动宣传

提示词：我是一位学生会成员，想写一篇关于校园文化节的文章，希望吸引同学们积极参与。文章既要有活动的趣味性，又不能太冗长，担心同学们没有耐心看完。

DeepSeek 可能生成：

- 开头：以校园文化节的精彩瞬间引人入胜，如："还记得去年文化节上那场令人惊艳的舞蹈表演吗？今年的文化节将更加精彩！"

- 中间：用简洁明了的语言介绍今年文化节的活动项目、时间地点等信息，同时穿插一些往届活动的精彩瞬间。

- 结尾：呼吁同学们积极参与，如："快来加入我们吧，一起创造属于我们的美好回忆！"

▶▶ 场景 2：学习经验分享

提示词：我是一位中学生，正在撰写一篇分享英语学习经验的文章。我希望文章能帮助到其他同学，但担心自己的文字太生硬。

DeepSeek 可能根据你告诉它的英语学习经历，生成：

• 开头：以你学习英语的初衷引人入胜，如："当我第一次听到那首英文歌时，我就被那优美的旋律和陌生的语言吸引了，从那时起，我下定决心要学好英语。"

• 中间：用具体的学习方法和实例介绍你的英语学习经验，如："每天早上，我都会花 30 分钟朗读英语课文，模仿语音语调，这让我的口语进步很快。"

• 结尾：鼓励同学们根据自己的情况找到适合自己的学习方法，如："每个人的学习方法都不同，希望我的经验能给你一些启发，找到适合自己的英语学习之路。"

（3）公式细分讲解

你是谁：让 DeepSeek 了解你的身份、领域或职业背景，生成内容时能有更强的针对性和专业性。例如，在学习场景中，你是中学生、高中生还是大学生，不同的身份会影响学习内容的深度和广度。

要做什么：清楚说明目标任务，比如写读书笔记、活动宣传文案、学习经验分享等，便于 AI 定义输出的核心结构。

希望达到什么效果：明确你希望输出的文章语气、风格或读者群体。例如，正式、轻松、有趣、严肃等。比如在校园活动宣传中，希望文章能吸引同学们积极参与，语气就要活泼、有感染力。

担心什么：告诉 DeepSeek 你最担心的地方。比如"内容太学术化""语言太枯燥"或"信息太笼统"，它会主动避免这些问题。

（4）快速对比示例

简单输入：写一篇关于英语学习方法的文章。

效果：宽泛的学习方法介绍，重点可能不清晰。

核心公式输入：我是一名中学生，正在撰写一篇关于如何提高英语听力的文章。目标读者是中学生，语言要简单易懂，担心太过深奥会让他们失去兴趣。

效果：生成文章结构清晰，重点突出，语言贴近中学生。

通过"核心公式"提供的背景和细节，DeepSeek 可以让你的提示词变得更有目标感、更高效、更贴合需求，一次输入即可获得符合预期的输出，避免反复修改和调整，真正做到精准提问，事半功倍。

小贴士

（1）提供背景细节：信息越多，AI 越了解你的需求，尤其是身份和受众群体非常关键。比如在写学习经验分享时，要明确是针对初中生还是高中生。

（2）用担忧优化输出：大胆说出你最不想要的结果，AI 会在生成时自动规避，比如"避免学术化"或"不要枯燥"。

（3）保存常用公式：将自己常用的"身份—目标—效果—顾虑"格式保存起来，类似"写作模板"，可以在不同的任务中快速复用。

3 DeepSeek 更"人化"：
复杂问题也能轻松解释

有时候，我们在学习时会遇到一些特别难理解的概念，就像啃一块又硬又干的馒头，咬不动、咽不下，让人头疼。别担心，只要使用一些小技巧，就能让DeepSeek把这些复杂的知识变成简单、好懂的"大白话"，让你一下子就能理解到重点。

（1）普通回答 VS 通俗回答

如果直接问 DeepSeek：机器学习是什么？

普通回答可能是：机器学习是一种让机器从经验（数据）中总结规律，并利用这些规律对新数据做出预测或决策的技术。

听起来是不是很高级？但好像也没怎么听懂，就像在看一本全是专业术语的"天书"。

但如果换一种方式问：简单点说，机器学习是怎么回事？

DeepSeek可能会回答：机器学习就像教小孩认识动物，一开始他们可能分不清猫和狗，但看得多了，慢慢地，他们就能准确地把它们区分开啦。

是不是一下子就明白了？

（2）DeepSeek 的通俗解释能力

▶▶ 场景 1：科普难懂的科学知识

问题：区块链是什么？

普通回答：区块链是一种去中心化的分布式账本技术，能确保数据的不可篡改性。

通俗回答：区块链就像一个超级透明的存钱罐，每次有人存钱或取钱，所有人都能看到并确认，没人能偷偷改动里面的记录，保证账本绝对安全。

听起来是不是很简单？就像我们平时玩的存钱游戏，只是这个存钱罐更加智能、安全。

▶▶ 场景 2：用给同学讲解的方式解释知识

问题：宇宙膨胀是什么意思？

普通回答：宇宙膨胀是指随着时间推移，宇宙空间本身在不断扩大。

通俗回答：想象宇宙像一个正在吹气的气球，气球上的小点点就是星球，随着气球越吹越大，小点点之间的距离也越来越远。这就是宇宙膨胀！

▶▶ 场景 3：班级学习讨论时，用简单的方式讲解

问题：力学是什么？

普通回答：力学是研究物体运动规律及其相互作用的学科。

通俗回答：力学就是研究"东西为什么会动"的学问。比如，你推了一下桌子，桌子就动了，这就是力学在起作用。它会告诉我们"东西怎么动、往哪动、会不会停下来"。

这样解释，是不是比一堆学术词汇更容易理解？

➤➤ 快速对比示例

表 3

普通回答	通俗回答
量子计算利用量子叠加态和量子纠缠实现高效并行计算。	量子计算就像你同时走很多条路去找宝藏，最后找到最快的那条，而普通计算机只能一条一条地走。
相对论涉及时空相对性，速度影响时间流逝。	相对论就像你坐车时，车里的小球看起来没怎么动，但它其实和车一起在飞速前进。
5G 是第五代移动通信技术，支持更高的数据传输速率。	5G 就像一条超快的高速公路，让手机上网更快，下载视频和玩游戏都不会卡。

  通过生活中的例子，是不是感觉这些原本"高大上"的概念一下子就变得亲切又好懂了？

（3）如何让 DeepSeek 变得"更接地气"

DeepSeek 之所以能把复杂的知识讲得简单易懂，关键在于怎么问它问题。以下是一些让 DeepSeek 说话更通俗的小技巧。

▶▶ 加入生活中的例子

我们在问题中直接让 DeepSeek 用生活场景举例，比如"用打篮球的比喻来解释什么是能量守恒。"

DeepSeek 的回答可能是：能量守恒就像你打篮球，篮球从高处落下，速度越来越快，砸到地面时又弹起来，能量一直在不同形式之间转换，但总量没变。

这样是不是比"能量守恒定律指的是能量不会凭空产生或消失，只会从一种形式转化为另一种"更容易理解？

▶▶ 让 DeepSeek 知道你的目标读者是谁

你可以告诉 DeepSeek "帮我用适合小学生 / 初中生 / 高中生的语言解释这个概念"。比如"用适合初中生的语言解释相对论"。

DeepSeek 可能会说：相对论就像你坐车时，车里放了个小球。车开得很快时，小球看起来没怎么动，但它其实和车一起在飞速前进。时间和空间也会因为速度的变化而变得不一样。

这样比"相对论认为时间和空间会因物体运动速度的不同而产生变换"更容易理解。

▶▶ 让 DeepSeek 避免使用专业术语

你直接告诉 DeepSeek"不要用专业术语"或者"用日常语言来解释",比如"用大白话来解释什么是 5G"。

DeepSeek 可能会说:5G 就像给手机装了一双超级跑鞋,上网速度变得飞快,下载电影只需要几秒钟。

是不是比"5G 是第五代移动通信网络,提供更高的带宽和更低的延迟"更容易理解?

(4) DeepSeek 的"通俗表达"让知识秒懂

无论是自己学,还是给同学讲,DeepSeek 都可以用最简单、最生动的方式,把复杂问题解释得清清楚楚。这样不仅能提高学习效率,还能让知识变得更有趣,让学习也变得更轻松。

（5）实战小任务：让 DeepSeek 给你一个简单的解释

你试着在 DeepSeek 中输入：用我能听懂的语言解释 ×××（你觉得难理解的知识）。

你换个提示词：想象你在和朋友聊天，告诉我 ××× 是什么意思。

试着让 AI 用比喻的方式解释：把 ××× 比喻成一场篮球比赛 / 吃饭 / 玩游戏，告诉我它是什么意思。

看看 DeepSeek 能给出什么样有趣的答案。试试看，你一定会发现学习变得更轻松、更有趣！

"杠精"模式：用辩论打磨观点，快速生成多维视角

你有没有遇到过这样的情况：明明觉得自己的观点很有道理，但一旦和同学讨论，立刻被各种反驳堵得说不出话？或者写议论文时，总感觉论证不够充分，说服力不强？别担心，DeepSeek 可以进入"杠精"模式，帮你进行辩论训练，让你的观点更有逻辑、更全面、更有说服力。

在这个模式下，DeepSeek 不会只给你一个单一的答案，而是会站在不同角度思考问题，列出反对观点，然后再自我反驳，形成完整的辩论闭环。这样，你不仅能看到问题的多个方面，还能学会如何应对不同的质疑，让自己的表达更严密、更有力。

（1）普通思考 VS "杠精"模式

▶▶ 普通问法（单一角度）

问题：阅读名著有哪些好处？

输出：阅读名著能增长知识、提高写作能力、开阔眼界。

听起来没错，但感觉有点普通，对吧？

▶▶ "杠精"问法（多角度分析 + 反驳闭环）

问题：阅读名著对中学生的影响有哪些争议？请列出 5 个反对理由，并逐一反驳。

输出：

- 反对理由 1：名著太深奥，很多内容难懂，可能降低阅读兴趣。

反驳：虽然名著确实有一定难度，但通过老师的引导、同学的讨论，可以帮助我们理解，而这种挑战也能锻炼思考能力。

- 反对理由 2：阅读名著占用时间，影响学习。

反驳：合理安排时间，既能读书又不影响学习，甚至名著中的内容还能帮助我们理解历史、语文等学科知识。

这样一来，我们不仅知道了阅读名著的好处，也了解了可能的争议，并且学会了如何有力地回应这些质疑，让观点更加完整和可信。

(2)"杠精"模式的实际应用场景

▶▶ 场景1：班级讨论

问题：中学生是否应该使用手机？请列出正反两方面的观点，并得出一个平衡的结论。

输出：

- 反对观点：手机会影响学习，容易让学生沉迷游戏和社交软件。
- 支持观点：手机可以作为学习工具，帮助我们查找资料、听网课、管理学习任务。
- 综合结论：中学生可以在特定时间和场合使用手机，比如在写作业时查找资料，但需要避免过度使用，以免影响学习和健康。

这种回答不仅包含了双方观点，还提出了折中方案，在班级讨论中可以让同学们更容易找到平衡点。

▶▶ 场景 2：学习小组讨论

问题：我们小组正在讨论是否要参加学校的科技竞赛，但大家有分歧。请列出可能出现的反对意见，并针对每个反对意见进行反驳。

输出：

• 反对理由 1：准备竞赛会占用大量时间，影响文化课学习。

反驳：合理规划时间，可以兼顾竞赛和文化课，竞赛中的知识还能提高我们的逻辑思维能力，对学习有帮助。

• 反对理由 2：比赛太难，可能会失败，影响自信心。

反驳：比赛不只是为了获胜，更重要的是积累经验、锻炼能力，即使失败了，对我们而言也是一种宝贵的成长经历。

这样的讨论方式让小组成员更容易权衡利弊，做出合理决定。

▶▶ 场景 3：写辩论类文章（校园公众号／语文作文）

问题：生成一个关于'中学生是否应该参加社团活动'的辩论。

输出：

- 支持观点：社团活动能培养兴趣、提高团队合作能力，让学生更全面发展。

- 反对观点：社团活动占用时间，可能影响学业，导致成绩下降。

- 综合结论：如果能够合理安排时间，在不影响学业的前提下，适当地参加社团活动是有益的。

这样写文章比单纯列举社团活动的好处更有说服力。

▶▶ 普通模式 VS "杠精"模式

表 4

普通回答	"杠精"思考
问题：列出阅读的好处。	问题：阅读对中学生有哪些争议？请列出正反观点并做出结论。
输出：增长知识、提高写作能力、开阔眼界。	输出：列举 5 个正反观点，并针对反对意见提出反驳，让观点更完整。

　　"杠精"模式能让你的论证更有层次，不仅考虑到自己的立场，也能提前想到可能的反对意见，并找到应对方法。

（3）如何用好"杠精"模式

▶▶ 给出明确的辩论主题

　　在提示词中明确指出要讨论的焦点，比如"中学生是否应该追星？""课外辅导班是好是坏？"

▶▶ 让 DeepSeek 列出具体数量的理由

　　如果不限制数量，DeepSeek 可能只会给出 2~3 个观点，而有时候我们需要更详细的论证，比如："请列出 5 个支持理由和 5 个反对理由。"

▶▶ 要求 DeepSeek 进行反驳并得出结论

　　列出正反观点后，还可以让 DeepSeek 进行权衡分析，比如："请综合以上观点，给出一个合理的权衡结论。"

小贴士

让 DeepSeek 的"杠精"模式更有力！

（1）别怕被"杠"：真正好的观点，是经过挑战和推敲后形成的。让 DeepSeek 反驳你的想法，其实是在帮你理顺逻辑，让你更能说服别人。

（2）让 DeepSeek 进行多轮反驳：如果你想让辩论更深入，可以要求 DeepSeek 针对反驳再反驳，让它形成反一反驳一再反驳"的辩论链条。

（3）灵活调整数量：不同场合需要的论证深度不同，比如写作文时可以列 3 个理由，而做辩论比赛准备时，可能需要 8~10 个理由。

（4）实战任务：用 DeepSeek 提升你的辩论能力

▶▶ 任务 1：找出你的观点漏洞

输入：请反驳我这个观点_____（你自己的想法），列出 3 个反对理由。

让 DeepSeek 挑战你的观点，看看它是怎么反驳的。

▶▶ 任务 2：训练完整的辩论逻辑

输入：请列出"中学生应该每天运动 1 小时"的正反观点，并给出最终结论。

看看 DeepSeek 是怎么权衡利弊的，你能否找到更好的论据？

▶▶ 任务 3：让 DeepSeek 进行自我辩论

让 DeepSeek 先支持你的观点，再让它自己反驳，然后再让它反对反驳的观点……看看它能"杠"到什么程度。

让 DeepSeek 变成你的"辩论训练师"，锻炼逻辑思维，打造无懈可击的观点。

5 DeepSeek-R1 模型助力：
用批判性思考深入挖掘复杂问题

核心理念：有时候，简单的答案远远不够，尤其在面对多维度、复杂性强的问题时，我们需要 AI 进行深度思考，才能得到更有逻辑、更可靠的结论。DeepSeek 的 R1 模型正是为此而生，它能模拟"100 次批判性思考"——每次生成初稿后进行自我批评、优化、再生成，最终输出逻辑严密、多角度分析的答案。

（1）普通用法 VS 深度用法

▶▶ **普通用法（表层分析）**

输入：分析新能源技术的未来发展趋势。

输出：可能只涉及新能源市场规模或技术突破，缺乏全面性。

▶▶ 深度用法（批判性推演＋多维分析）

输入：从环境、科技和人文角度，深入分析新能源技术未来
10 年的发展趋势。

输出：

- 从环境维度看，新能源技术有助于减少温室气体排放，
但资源开发过程可能带来新的环境负担，如锂电池材料的开采
污染。
- 从技术维度看，电池储能技术是关键突破口，但短期内
技术瓶颈仍然存在，可能延缓市场大规模推广。
- 从人文维度看，新能源推广需要公众意识和政策支持，
尤其在欠发达地区，教育和普及仍是重大挑战。

结论：从多维度分析得出结论，并提供具体应对策略，比如
如何通过政策干预和技术研发来平衡发展。

（2）场景示例

▶▶ 场景 1：学习的计划制订

提示词：深入分析制订一个有效的中学生学习计划需要考虑

的因素，从时间管理、学习方法和心理状态 3 个方面探讨。

输出：

- 从时间管理维度看，合理安排学习时间至关重要，但很多同学容易被手机等娱乐活动分散注意力，因此需要制订严格的作息时间表，并设置提醒功能，确保学习时间得到充分利用。

- 从学习方法维度看，不同学科需要采用不同的学习方法，如语文需要多读多写，数学需要多做练习题，但有些同学可能没有掌握正确的学习方法，导致学习效率低下，因此需要老师和家长的指导，帮助他们找到适合自己的学习方法。

- 从心理状态维度看，学习压力过大可能会影响学习效果，甚至导致焦虑等心理问题，因此需要关注学生的心理健康，让他们通过适当的运动、娱乐活动等方式缓解压力，同时培养积极的学习心态，增强自信心。

结论：制订有效的学习计划需要综合考虑时间管理、学习方法和心理状态等因素，通过合理的安排和调整，帮助学生提高学习效率，取得更好的学习成绩。

▶▶ 场景 2：校园活动策划

提示词：针对学校即将举办的运动会，从活动组织、安全保障和学生参与度 3 个层面分析策划方案的可行性。

输出：

• 从活动组织层面分析，运动会的项目设置需要充分考虑学生的兴趣和身体素质，同时要合理安排比赛时间和场地，确保活动的顺利进行。

• 从安全保障层面分析，运动会期间需要加强安全措施，如设置医疗急救站、安排专人负责场地安全等，确保学生在运动过程中的安全。同时，要对学生进行安全教育，提高他们的安全意识。

• 从学生参与度层面分析，为了提高学生的参与度，可以设置一些趣味运动项目，增加活动的趣味性。同时，可以通过班级选拔赛等方式，激发学生的竞争意识和团队精神。

结论：运动会的策划方案需要从活动组织、安全保障和学生参与度等多个层面进行综合考虑，通过合理的安排和措施，确保活动的顺利进行和学生的积极参与。

▶▶ 场景 3：学习小组项目分析

提示词：结合我们学习小组在完成历史项目时遇到的实际困难，从资料收集、团队协作和时间分配三个角度进行分析，并提出改进措施。

输出：

- 从资料收集角度分析，在收集历史资料时，我们发现很多资料来源有限，且信息不够准确，这给项目的完成带来了一定的困难。因此我们需要拓宽资料收集渠道，如利用图书馆、网络等多种资源，同时对资料进行仔细的筛选和核实，确保信息的准确性和可靠性。

- 从团队协作角度分析，在团队协作过程中，我们发现成员之间的沟通不够顺畅，分工不够明确，导致学习效率低下。需要加强团队成员之间的沟通和交流，明确各自的职责和任务，建立有效的协作机制，提高学习效率。

- 从时间分配角度分析，在项目实施过程中，我们发现时间分配不够合理，导致部分任务没有按时完成。因此需要制订详细的计划，合理分配时间，确保每个任务都能按时完成。

结论：通过从资料收集、团队协作和时间分配 3 个角度对学习小组在完成历史项目时遇到的困难进行分析，可以找出问题所在，并提出相应的改进措施，帮助学习小组更好地完成项目任务。

（3）快速对比示例：表层分析 VS 批判性思考

普通输入：分析中学生的学习压力来源。

输出：简单列举学习压力来源，如考试、作业等，缺乏深入分析。

DeepSeek-R1 模型输入：从家庭、学校和社会 3 个角度，批判性分析中学生的学习压力来源，并提出应对策略。

输出：多维度分析中学生的学习压力来源，如家庭的期望过高、学校的竞争压力、社会的评价标准等，并提出具体的应对策略，如家长要树立正确的教育观念、学校要减轻学生的课业负担、社会要营造良好的教育环境等。

（4）技巧拆解：如何激活 DeepSeek-R1 模型的批判性思考

提出具体的多维度分析需求：在提示词中明确指出需要从不同角度探讨，比如从学习、生活、心理等维度入手。例如："从学习方法、时间管理和心理状态 3 个维度分析中学生的学习效率问题。"

让 DeepSeek 进行批判性反思并修正：可以在提示词中要求 DeepSeek 进行初步分析后，再对结论进行批判和修正，确保内容的深度和逻辑性。例如："先分析参加课外辅导班对中学生的影响，再批判可能存在的问题和风险，并提供修正建议。"

综合利弊分析，得出平衡方案：在批判性思考过程中，要求 DeepSeek 列出优点和缺点，并提出折中的解决方案。例如："分析中学生使用手机的优缺点，并提出如何合理使用手机的解决方案。"

通过 DeepSeek 的 R1 模型，你不再需要逐步收集信息、反复验证，而是让 DeepSeek 自动完成多轮批判性思考和优化推演，快速生成高质量的分析或建议。

小贴士

（1）多角度设置提示词：分析维度越多，输出的内容越深入。确保至少包含 3 个以上的角度，如学习、生活、心理等。

（2）让 DeepSeek 自我批判：引导 DeepSeek 从生成的初步结论中发现漏洞或盲点，并重新优化结果。

（3）结合对比模式：如果需要详细的比较，可以让 DeepSeek 生成不同方案的优缺点对比表，为决策提供参考。

（5）批判性分析万能提示词模板

▶▶ 学习与成长

提示词模板 1：从学习方法、时间管理和心理状态 3 个角度，分析_____（学习问题）的成因及解决办法。

示例：从学习方法、时间管理和心理状态 3 个角度，分析中学生数学成绩不理想的成因及解决办法。

提示词模板 2：列出_____（学习习惯）对中学生学习的影响，包括优点和缺点，并提出改进建议。

示例：列出熬夜学习对中学生学习的影响，包括优点和缺点，并提出改进建议。

提示词模板 3：对_____（学习工具）在中学生学习中的应用进行批判性分析，包括使用效果、潜在问题和改进措施。

示例：对电子词典在中学生英语学习中的应用进行批判性分析，包括使用效果、潜在问题和改进措施。

▶▶ 校园生活与社交

提示词模板 1：从校园文化、师生关系和同学交往 3 个角度，批判性分析＿＿＿＿＿＿（校园现象）的影响，并提出优化建议。

示例：从校园文化、师生关系和同学交往 3 个角度，批判性分析校园欺凌现象的影响，并提出优化建议。

提示词模板 2：从公平性、参与度和教育意义 3 个角度，批判性分析＿＿＿＿＿＿（校园竞赛）是否适合中学生广泛参与。

示例：从公平性、参与度和教育意义 3 个角度，批判性分析学科竞赛是否适合中学生广泛参与。

▶▶ 兴趣与特长发展

提示词模板 1：对＿＿＿＿＿＿＿（兴趣爱好）在中学生特长发展中的作用进行批判性分析，列出可能的优势和挑战，并提供应对策略。

示例：对绘画在中学生艺术特长发展中的作用进行批判性分析，列出可能的优势和挑战，并提供应对策略。

提示词模板 2：从个人兴趣、时间投入和未来发展 3 个角度，分析＿＿＿＿＿＿（特长培训）对中学生的价值及可能面临的问题。

示例：从个人兴趣、时间投入和未来发展 3 个角度，分析钢琴培训对中学生的价值及可能面临的问题。

提示词模板 3：列出＿＿＿＿＿＿（新兴兴趣领域）可能给中学生带来的 5 个正面影响和 5 个潜在问题，并提供权衡方案。

示例：列出无人机编程可能给中学生带来的 5 个正面影响和 5 个潜在问题，并提供权衡方案。

▶▶ 健康与生活习惯

提示词模板 1：从身体健康、心理健康和生活习惯 3 个方面，分析＿＿＿＿＿＿（生活习惯）对中学生的影响。

示例：从身体健康、心理健康和生活习惯 3 个方面，分析长时间玩手机对中学生的影响。

提示词模板 2：列出＿＿＿＿＿＿（健康问题）可能的 3 大成因和 3 大影响，并提出关于如何应对这些挑战的方案。

示例：列出近视可能的 3 大成因和 3 大影响，并提出关于如何应对这些挑战的方案。

提示词模板 3：对＿＿＿＿＿＿（健康生活方式）的可行性进行批判性分析，列出可能的长期收益和短期困难。

示例：对每天锻炼一小时的可行性进行批判性分析，列出可能的长期收益和短期困难。

▶▶ 综合权衡和决策支持

提示词模板 1：列出_____（学习选择）可能的正反观点，并批判性分析各自的合理性，给出综合建议。

示例：列出参加课外辅导班的正反观点，并批判性分析各自的合理性，给出综合建议。

提示词模板 2：针对_____（学习挑战），列出至少 3 种可能的解决方案，并批判性分析它们的优缺点，推荐一个最佳方案。

示例：针对学习时间不够用的问题，列出至少 3 种可能的解决方案，并批判性分析它们的优缺点，推荐一个最佳方案。

▶▶ 万能句型总览（可自由组合）

从（维度 1、维度 2、维度 3）3 个角度，批判性分析_____ ____的影响，并给出权衡建议。

列出_____的 5 个优势和 5 个潜在风险，并提供应对策略。

对_____进行批判性推演，探讨其短期和长期的正负面效果。

从_____（同学、家人、朋友）的角度出发，分析_____ ____的可行性并提出优化建议。

　　这些万能提示词可以让 DeepSeek 为你快速生成批判性分析和可行性建议。只需替换关键词，就能覆盖广泛的应用场景。下一次面对类似话题时，无须过多思考，直接用这些模板，让 DeepSeek 帮你完成从分析到决策的飞跃，提高思辨能力，让你成为"意见领袖"。

3 模拟校园争论：
如何优雅地回击他人的语言攻击

在学校里，和同学讨论问题时，有时候难免会发生争论。也许是对于一件事情的看法不同，也许是在某个话题上有分歧，甚至可能会遇到带着情绪的批评和攻击。面对这些情况，最好的方式不是生气或者反击，而是冷静、聪明地回应，既能坚持自己的立场，又不会伤害同学之间的关系。

有了 DeepSeek 这样的工具，你可以整理争论的焦点，让 DeepSeek 帮助你生成既有理有据又平和友好的回复。这样，你不仅能变得更擅长表达，还能让讨论变得更加有意义，而不是陷入一场没完没了的"口水战"。

（1）判断争论类型，选择最好的应对方式

不同的争论情况，需要不同的回应策略。一般来说，校园里

的争论大致可以分为三类。

▶▶ 普通观点分歧：适合用幽默或理性的解释

• 例子：A 说："踢足球比打篮球更好玩。"B 却觉得打篮球更好玩。

• 最佳应对：可以友好地说："各有所长嘛，你来打打篮球，我也去踢踢足球，说不定我们都会有新发现！"

▶▶ 情绪化争论：适合冷静分析，转回理性讨论

• 例子：同学说："你这想法太幼稚了，根本行不通！"

• 最佳应对：可以先稳住情绪，再回复："也许我的想法有些不成熟，但我们可以看看有没有改进的办法，或许能碰撞出新思路。"

▶▶ 恶意争吵（人身攻击）：适合冷静回击，但不升级冲突

• 例子：对方直接说："你就是个笨蛋，还在这儿乱发表意见。"

• 最佳应对：避免被情绪带跑，保持自信地说："我们可以就事论事、讨论观点，而不是攻击对方，这样才能真正找到问

题的答案。"

当你知道争论的类型，就可以选择合适的方式来回应，而不是直接被对方的言语激怒。

（2）整理争论焦点，让 AI 工具帮你生成回应

如果你不知道如何回应某些类型的争论，可以让 DeepSeek 帮你生成一个合适的回应，供你参考和使用。

示例（温和理性型）：

同学说："你这解题方法太慢了，浪费时间。"

提示词：请帮我写一段平和又理智的回复，解释我的方法，并邀请他分享他的想法。

DeepSeek 生成的回复：

谢谢你的建议！我的方法虽然慢点，但能确保准确性。你是不是有更快的方法？可以一起交流一下，看看能不能找到更好的解法。

这样说不仅维护了自己的立场，也给了对方表达想法的机会，避免让争论升级。

（3）优化你的回应，让它更自然、更符合你的表达方式

有时候 DeepSeek 生成的回复可能有点书面化，没关系，你可以继续调整，让它听起来更自然、更符合你的说话习惯。

优化前（较正式）：

可能我的观点比较传统，但它也有一定的道理和依据。时代在变，各种观点都有存在的价值。

优化后（更自然）：

可能我的想法有点老派，但它也有它的道理啊！时代在变，每个人的观点都值得被听到。你为什么觉得它老土？说说看。

优化后的版本听起来更像朋友之间的对话，更容易让对方愿意继续交流，而不是直接结束讨论。

小贴士

如何在争论中做得更好？

（1）保持尊重。即使不同意对方的观点，你也要尊重对方的立场，不要用嘲讽或贬低的语言，比如"你根本不懂"，这样只会让争论变成争吵。

（2）学会倾听。争论不仅仅是为了赢，更重要的是了解不同的想法。认真听对方的理由，有时候你会发现一些新观点，甚至可以借此调整自己的看法。

（3）控制情绪。如果对方的言辞让你生气，先深呼吸一下，给自己几秒钟的时间冷静下来。你可以用幽默的方式化解紧张，比如"看来我们是各有各的道理啊，不过这场'辩论赛'挺有意思的"。

模仿大神写作：从李尚龙的温情到曹雪芹的古典，开启你的写作大冒险

核心理念：每一位著名作家都有独特的文风，通过模仿他们的语言风格、文章结构和情感表达，你不仅能让自己的写作更有深度，还能在不同场景中轻松切换风格。从李尚龙的温情励志，到莫言的乡土叙事，再到曹雪芹的古典美学，你将一步步走进文学世界的"殿堂级创作模式"。

（1）普通用法 VS 深度用法

▶▶ 普通用法（普通风格生成）

输入：写一篇关于成长的短文。

输出：平平无奇的故事，缺少灵魂和文风特色。

▶▶ 深度用法（模仿经典风格）

输入：模仿李尚龙的温暖励志风格，写一段适合制作短视频的文案，主题是"一个普通人的努力"。

输出示例：

凌晨3点的街头总是安静的，唯有便利店门前那盏孤独的路灯，照着那个匆匆跑回出租屋的外卖小哥。他并不知道，这份沉默的坚持会在未来某天悄然改变他的命运。

效果：细腻而真实，特别适合短视频背景音乐配合，容易引发观众共鸣。

（2）场景示例

▶▶ 场景1：短视频文案（模仿李尚龙的温情励志风格）

提示词：模仿李尚龙的写作风格，为短视频写一段关于青春告别的温情文案。

输出示例：

那些没来得及说再见的夏天，没吃完的烧烤摊，没走过的小路，都被封存在日记的夹页里。也许再见的时候，我们都变得不一样了，但那些没说出口的告别，早已成为永恒的印记。

效果：短视频文案结合画面和音乐，营造温暖又伤感的氛围，直击青春回忆。

▶▶ 场景 2：小说叙事（模仿莫言的乡土叙事风格）

提示词：模仿莫言的风格，为一本乡村题材的小说写开头。

输出示例：

那是一个闷热的夏天，稻田里的青蛙唱了一整夜，小河边的牛群在树荫下懒懒地甩着尾巴。而田间的小道上，一个少年正蹲着削一根柳树枝，手上的茧子比柳枝还粗糙。他的父亲在村里有名气，但名声并不好。

效果：充满乡土气息和细腻的场景描写，能够迅速引发读者对人物命运的好奇心。

▶▶ 场景 3：演讲稿（模仿李世民的霸气风范）

提示词：模仿李世民的风格，写一篇激励团队的发言稿。

输出示例：

今日之胜利，来自你们的每一滴汗水和坚持。胜利并非一蹴
而就，而是无数次艰难险阻的跨越。未来的挑战会更大，但我知道，
只要我们同心协力，就必将再次站上高峰，睥睨四方！

效果：雄壮有力、充满激情的语言让团队更有凝聚力，能够
激励士气。

▶▶ 场景 4：家庭剧剧情（模仿《红楼梦》的文学体系）

提示词 1：模仿《红楼梦》的风格，创作一段家庭剧中姐妹间因家族利益产生冲突的情节。

输出示例：

夜深人静，偏厅的烛火摇曳着，照得墙上影影绰绰。姐姐冷冷地望着桌上的账簿，声音如刀般刺破了空气："你想用这几页纸，就把家产分走一半？"妹妹的眼中闪过一丝泪光，却咬紧牙关："你知道的，我只是要回属于我的东西。"一场家族风波，在这静谧的夜里拉开了序幕。

效果：人物情感与环境描写交织，细腻的笔触展现出复杂的家族关系，尤其适合长篇家庭剧创作。

想象一下，未来 AI 可能会补全《红楼梦》未完成的章节——那个悬而未解的结局、那个被许多人猜测的家族命运或许将被揭晓。

提示词 2：模仿曹雪芹的风格，续写《红楼梦》结尾。

输出示例：

雨停了，黛玉的坟上新生的青草还带着泥香，三月的风轻拂而过，仿佛是她在低声呢喃。贾府大门上的朱漆脱落，岁月将一切推向不可挽回的结局。那些繁华过往，终究不过是南柯一梦。梦醒时，人已非。

感受延展：如果未来我们真的可以看到曹雪芹"未写完的《红楼梦》"，那么红学研究这门学科可能也会逐渐消亡。因为人们不再会需要"推测和研究"，而是直接得到"最终答案"。这既是文学的奇迹，也可能是红学的终点。

（3）万能提示词模板：轻松模仿经典风格

短视频文案类：模仿某人的风格，为短视频写一段关于某主题的文案。例如："模仿李尚龙的风格，为短视频写一段关于'梦想和现实'的文案。"

小说叙事类：模仿莫言／沈从文的风格，写一段关于乡村生活／成长故事／情感纠葛的小说开头。例如："模仿莫言的风格，为一本以乡村少年为主角的成长小说写开头。"

演讲稿类：模仿李世民／丘吉尔的演讲风格，为企业／学校／团队撰写一篇激励发言稿。例如："模仿李世民的风格，为公司新年开工大会写一篇发言稿。"

古典叙事类：模仿《红楼梦》的叙事风格，为一段家庭冲突/悲剧情节创作情节发展。例如："模仿《红楼梦》的风格，创作一场家族利益争斗的戏剧性场景。"

模仿经典并非简单的复制，而是通过风格化的表达，让你的写作更具层次感和艺术性。无论是李尚龙的温暖、莫言的乡土气息，还是曹雪芹的古典叙事，DeepSeek 都能成为你的"写作导师"，帮你打造有深度、有风格、有情感的作品——让写作不再局限于一种模式，而是成为一场无限可能的创作冒险。

DeepSeek 不仅是一个普通的 AI 写作工具，更像是一位"全能写作助教"。无论是陪你辩论、替你翻译，还是帮你模仿文学大师，它都能轻松胜任。通过掌握灵活提示词、批判性分析、模仿文风等多种技巧，你可以用它快速完成科普文章、短视频文案、小说创作、演讲稿等各类写作任务，真正踏上从零基础到高手的写作进阶之路。

在 DeepSeek 的辅助下，你不仅能写出逻辑缜密的分析文章，还能创作出具有情感温度和艺术美感的作品，为你的创作增添无限可能。

用好 DeepSeek，让你变成写作达人。

第五章

DeepSeek
让你成为学习达人

17 故事锚点法

（1）问题描述

有时候，我们在学习时会遇到许多生僻的专有名词，比如医学、化学或其他学科中的专用词汇。很多人觉得记这些单词和公式，就像在背一大堆枯燥的课本上的内容，既费时又费力，还容易忘记。

（2）通俗解释

故事锚点法就是把这些枯燥的知识转化成一个有趣的小故事。就好像看一部情节曲折的电影一样，你的大脑会自动记住故事中的每一个细节。当一个抽象的名词或公式融入故事情节中时，你就能通过回忆故事的画面，自然而然地记住那些知识点。

（3）示例提示词

提示词：将"腓肠肌、尺神经、乙状结肠"编入一个侦探故事。

输出：

在一起离奇的案件中，侦探在现场发现受害者的腓肠肌上有一个小小的针孔（暗示尺神经受损），沿着这个线索，他顺着一条看似像乙状结肠的神秘管道，找到了关键证据。

（4）操作步骤

复制提示词：将上面这段提示词复制到剪贴板上。

粘贴并运行：将复制的提示词粘贴到 DeepSeek 的输入框中，然后按回车键。

阅读生成的故事：DeepSeek 会生成一个生动有趣的小故事，你可以阅读它，利用故事的情节和画面帮助记忆那些专有名词。

（5）预期效果

通过这种方法，DeepSeek 会生成一个侦探故事，在故事中巧妙地嵌入了"腓肠肌""尺神经"和"乙状结肠"这 3 个医学名词。每当你回忆起这个故事时，那些难记的名词也会跟着浮现在脑海里，大大提高记忆效率。这样，你在学习时，就能更轻松地把这些专业知识记牢。

这个方法不仅适用于医学名词，还可以用于记忆其他学科的抽象概念。只需根据具体内容修改提示词中的关键词，就能轻松打造适合自己的学习风格的故事。希望你能尝试并发现记忆知识变得既轻松又有趣。

空间记忆宫殿

（1）问题描述

你是否曾为记住一长串的流程或清单而烦恼？比如在学习项目管理时，总觉得那些流程太长、太枯燥，记不牢。

（2）通俗解释

空间记忆宫殿法就是将你需要记的东西和你非常熟悉的物理环境（比如你每天走进的教室）联系起来。每次经过那个熟悉的环境及其中的物品时，你的大脑就会自动联想到与之对应的内容，就像一个"记忆开关"一样。

（3）示例提示词

用教室里的物品来记住化学元素周期表前 5 个元素：

- 教室门把手：挂着一个摇晃的水杯（H_2O中的 H 氢）。
- 讲台桌面：飘着一个银色气球（He 氦，氦气充气球）。
- 黑板边缘：粘着一个电子钟（使用 Li 锂电池）。
- 自己的课桌：铅笔盒里插着一支金属钢笔（Be 铍，金属材质联想）。
- 粉笔槽角落：堆着白色粉笔灰（含 B 硼砂，清洁防尘）。

（4）操作步骤

- 复制上面的提示词文本。
- 将文本粘贴到 DeepSeek 的输入框中。
- 按回车键运行，等待 DeepSeek 生成相关描述。

（5）预期效果

DeepSeek 会输出一段描述，把化学元素周期表前 5 个元素生动地和教室中的各个物品联系起来。以后每当你走进教室，看到这些物品时，这些物品就会帮助你牢牢记住这 5 个元素。

3 多感官编码

（1）问题描述

你是否觉得单一的学习方式不仅让知识显得枯燥，而且记忆效果还不理想，容易忘记？

（2）通俗解释

多感官编码法主张同时调动听觉、视觉和动觉，让知识变得更加生动。就像在看一部电影时，你不仅能看到画面，还能听到声音，甚至能感受到情节的节奏，这样记忆效果会更好。

（3）示例提示词

请为地理课中的"季风气候特征"设计一个三通道学习方案：

听觉：将《青花瓷》的歌词改编成描述季风变化的短句。

视觉：在一张图上用红蓝箭头标注出冬季和夏季季风的方向。

动觉：利用风扇模拟出风向，并动手制作一个小模型来展示风的流动。

（4）操作步骤

- 复制上面的提示词文本。
- 粘贴到 DeepSeek 的输入框中，按回车键运行。
- 阅读 DeepSeek 生成的三通道学习方案，了解如何将听、看、动这 3 种方式结合起来学习知识。

（5）预期效果

DeepSeek 生成的方案会为你提供一个综合的学习策略，帮助你从听、看、动这 3 个方面同时刺激大脑，从而大幅提升记忆效率。你可以依此方法在实际学习中多加练习，体会知识点从单调到生动的转变，让记忆效果明显提高。

认知摩擦策略

（1）问题描述

在阅读教材时，你是否发现自己经常走神、注意力不集中？当扫过眼前一行行文字却没有真正停下来思考时，记忆和理解自然就打了折扣。

（2）通俗解释

认知摩擦策略就是在阅读过程中故意给自己"制造阻力"，比如在每节内容后加入几个思考题。这样做能迫使你停下来主动思考，从而更好地抓住核心内容。就像你走路时遇到障碍，需要稍停一下再继续前行，这个"摩擦"会让你对刚刚学过的知识印象更加深刻。

（3）提示词

在每节内容末尾插入以下思考题：

- 本节的核心观点是什么？
- 这一观点与上一章节中的某个理论有何联系？
- 如果要设计一个实验来验证本节结论，你会如何操作？
- 用一个表情符号描述作者对这一观点的态度。

（4）操作步骤

- 将上述提示词复制到剪贴板上。
- 粘贴到 DeepSeek 的输入框中，按下回车键运行。
- 阅读 DeepSeek 生成的具体思考题，并在阅读教材时逐一回答或思考。

（5）预期效果

通过在每节学习内容中主动加入思考题，DeepSeek 会为你生成一系列与内容相关的思考题。这会迫使你停下来思考，主动梳理和回顾所学知识，从而使你的专注时间和思考深度显著提高。

据研究，这种方法能让一个人的主动思考时间增加约 40%，帮助你更好地理解和记住知识点。

　　这种认知摩擦策略适用于各种教材和阅读内容，只需简单复制提示词，粘贴运行，就能获得一套适合自己学习的思考题，帮助你从被动阅读转变为主动学习，提升整体学习效果。

5 逆向论证法

（1）问题描述

在讨论某个议题或写议论文时，我们往往只看到问题的一面。比如关于"人工智能是否威胁人类就业"的讨论，很多人只关注 AI 可能带来的负面影响，却忽视了它创造新岗位的可能性。

（2）通俗解释

逆向论证法就是让你主动站在相反的角度思考问题，列出那些看似违反普遍认知的观点，再逐一进行反驳。用这个方法，你可以打破单一观点，发现问题的多面性，达到更加全面、平衡的分析效果。

（3）提示词

请针对"人工智能是否威胁人类就业"这个问题，进行逆向论证。
列出至少 5 个反方向的观点，比如：

- 哪些职业因 AI 而创造出新的岗位？
- 历史上的技术革命如何促使就业结构调整？
- AI 是否能降低创业门槛，带来更多创新机会？

然后针对每个观点给出具体反驳意见，最后总结出一个多维
平衡的结论。

（4）操作步骤

- 复制上面的提示词文本。
- 将文本粘贴到 DeepSeek 的输入框中。
- 按下回车键运行，等待 DeepSeek 输出完整的逆向论证过程。
- 阅读输出内容，了解问题的多角度分析结果。

（5）预期效果

DeepSeek 会生成一份详细的逆向论证报告，列出与主流观

点相反的多个理由，并为每个理由提供反驳说明。这样，你就能从单一论点转向多维评估，更全面地理解问题，在讨论和决策时考虑更多可能性。

 三视角原则

（1）问题描述

在分析复杂现象时，比如"中小学生沉迷短视频"的问题，如果只从一个角度出发，可能无法发现问题的全貌及其深层次原因。

（2）通俗解释

三视角原则要求你从 3 个不同的层面去观察和分析问题。

微观层面：关注个体的即时反应和行为，比如短视频带来的即时反馈对大脑的刺激。

中观层面：关注家庭和学校等中间环境，比如学校的管控、家庭的监管是否存在不足。

宏观层面：观察整个社会、经济背景，比如当下注意力经济和内容算法对用户行为的影响。

这样做可以帮助你构建一个从个体到社会、从细节到整体的全面分析框架。

（3）提示词

请从 3 个视角分析"中小学生沉迷短视频"现象。

微观：短视频 15 秒的即时反馈如何刺激大脑分泌多巴胺。

中观：学校和家庭在监管方面存在的缺陷和空白。

宏观：注意力经济时代中内容算法如何推波助澜。

最后，请综合以上信息提出一个有针对性的干预策略。

（4）操作步骤

- 复制上面的提示词文本。

- 粘贴到 DeepSeek 的输入框中，按回车键运行。

- 阅读 DeepSeek 生成的分析报告，了解从微观、中观、宏观这 3 个层面对问题的详细解读以及相应的干预建议。

（5）预期效果

　　DeepSeek 会输出一段全面的分析报告，从个体反应、家庭学校监管到社会整体算法机制，层层剖析问题的成因，并给出具体的干预策略。这种多角度的分析方法能帮助你在面对复杂的社会现象时，找到更有效的解决办法。

跨界映射法

（1）问题描述

不少学科里的知识，如物理中的"电路原理"，理解起来有点抽象，让人犯难。

（2）通俗解释

跨界映射法就是把晦涩难懂的知识点和我们日常生活里熟悉的情景联系起来，让它变得好理解、好记忆。就好比把电路比作校园里的供水系统，这样那些复杂的电路概念，就能用校园里常见的事物来说明，学习起来就轻松多了。

（3）提示词

请用校园供水系统来类比解释物理中的电路原理：

- 电线就像校园里输送水的管道。
- 电流好比水管里流动的水。
- 电池相当于给水加压的水泵。
- 用电器则类似于校园里的水龙头。

（4）操作步骤

- 把上面这些提示词复制下来。
- 粘贴到 DeepSeek 的输入框里面。
- 按下回车键，让 DeepSeek 开始运行。

（5）预期效果

DeepSeek 会输出一段通俗易懂的比喻文字，把抽象的电路原理转换成校园里熟悉的供水过程。以后再碰到电路相关的问题，你就想想校园供水的情景，那些物理知识就更容易理解和记住了。

37 反脆弱训练

（1）问题描述

英语听力材料通常较为简单，导致你可能抓不住关键信息，听不出难点，提升有限。

（2）通俗解释

反脆弱训练就是主动给自己增加一些难度，让大脑适应更高强度的输入。你可以通过加快播放速度、混入一些非标准口音，甚至故意让部分单词遗漏，来迫使自己更专注、用上下文来猜测内容，从而不断提高英语听力水平。

（3）提示词

请设计一套英语听力训练方案，包含以下要求：
- 播放材料的速度调整到 1.2 倍速。
- 混入约 10% 的非标准口音。
- 故意遗漏部分单词，迫使听者通过上下文进行推理。

请输出一份详细的训练步骤和注意事项。

（4）操作步骤

- 复制上述提示词。
- 将提示词粘贴到 DeepSeek 的输入框中并运行。
- 阅读输出的训练方案，了解如何安排训练内容和步骤。

（5）预期效果

DeepSeek 会生成一份详细的英语听力训练计划，帮助你逐步攻克更高难度的听力材料。通过不断练习，你会发现自己捕捉关键信息的能力有明显提升，从而更好地应对听力考试或日常英语交流。

9 游戏化心流设计

（1）问题描述

在背诵古诗或记忆知识点时，学生往往缺乏动力，觉得学习太枯燥，难以坚持。

（2）通俗解释

游戏化心流设计就是把学习变成一个有趣的游戏，通过设定关卡、奖励和隐藏任务来激发学习兴趣。这样，你就能在挑战中获得成就感，进而提升学习效率和增加乐趣。

（3）提示词

请设计一个关于古诗背诵的闯关游戏。

关卡 1：要求正确朗读古诗，朗读成功后解锁诗人动画。

关卡 2：默写古诗正确率达到 80% 以上，获得"翰林学士"称号。

隐藏任务：找出古诗中的意象，完成后奖励一段历史秘闻。

请详细说明每个关卡的规则和奖励机制。

（4）操作步骤

- 复制上述提示词。
- 粘贴到 DeepSeek 的输入框中，并按回车键运行。
- 阅读生成的游戏化学习方案，了解如何将古诗背诵设计成一个有趣的游戏。

（5）预期效果

DeepSeek 会输出一份详细且富有创意的游戏化学习方案，将背诵古诗的过程转变为一个有趣的闯关游戏。通过设定关卡和奖励，学生的学习动力将显著提高，背诵效率和记忆效果也会随之提升。

第六章

DeepSeek
帮你写出
高分作文

DeepSeek：作文提分的智能助手

DeepSeek 是学生们写高分作文的得力工具，可以帮助你在短时间内构思出优秀的作文框架，提供丰富的写作素材，优化语言表达，让作文更加出彩。

（1）高效构思

面对作文题目时，很多同学会感到无从下手。DeepSeek 可以根据题目和要求，快速生成作文框架和思路，帮助你迅速进入写作状态。例如，如果你需要写一篇关于"我的梦想"的作文，只需在 DeepSeek 中输入提示词："模仿高考高分作文风格，写一篇关于'我的梦想'的作文框架，要求内容积极向上，结构清晰，包含开头、中间和结尾。"DeepSeek 就会生成一个大致的框架，让你的构思过程更加高效。

（2）丰富素材

素材是作文的血肉，丰富的素材可以让作文更加生动、有说服力。DeepSeek 拥有大量的文本数据，能够为你提供各种名人名言、经典故事、热点事件等素材。例如，写一篇关于"奋斗"的作文时，你可以在 DeepSeek 中输入提示词："提供关于奋斗的名人名言和经典案例，要求内容真实可靠，具有启发性。"DeepSeek 会生成相关的素材，而你可以将这些素材运用到作文中，使内容更加充实。

（3）优化语言

语言是作文的外衣，优美的语言能够提升作文的感染力。DeepSeek 能够根据你的需求，生成符合特定风格的语言表达。如果你希望作文语言更加优美，可以在提示词中加入"语言优美""富有文采"等要求。例如，写一段关于"秋天的美景"的文字，提示词可以是："用散文风格写一段关于'秋天的美景'的文字，要求语言优美，富有文采，能够描绘出秋天的独特魅力。"

（4）个性化定制

　　每个人的写作风格和需求都不同，DeepSeek 可以根据你的个性化要求，生成符合你的风格的参考范文。你可以通过调整提示词中的细节，来定制作文的内容和风格。例如，如果你喜欢幽默风趣的风格，可以在提示词中加入"语言幽默风趣""带有幽默元素"等要求。

如何用 DeepSeek 帮你构思作文

在作文写作中，构思是关键的一步。一个清晰、有创意的构思能够让作文更加出色。然而，很多同学在面对作文题目时，往往感到无从下手，不知道该如何构思。这时，DeepSeek 就能发挥重要作用，帮助你快速生成作文框架，为你的写作提供参考和启发，让写作变得更加轻松。

（1）明确作文题目和要求

在使用 DeepSeek 帮助构思作文之前，首先要明确作文的题目和要求。这包括作文的体裁（如议论文、记叙文、说明文等）、主题、字数要求等。明确这些信息后，你才能更有针对性地设计提示词，让 DeepSeek 生成符合要求的作文框架。

（2）输入提示词

输入提示词是使用 DeepSeek 的关键步骤。提示词要尽量详细，包括作文的风格、内容主题、用途、情感表达等要素。

（3）生成作文框架

输入提示词后，DeepSeek 会根据提示词生成相应的作文框架。这个框架通常包括开头、中间和结尾，以及每个部分的主要内容。

（4）丰富和优化内容

生成作文框架后，你可以根据框架进一步丰富和优化内容。这包括添加具体的细节、事例、数据等，使作文更加充实。同时，你还可以根据需要调整语言表达，使作文更加优美、生动。

（5）多轮调整和优化

你还可以通过多轮调整和优化，使你的作文更加完善。这包括调整语言表达、优化结构等。例如，你可以要求 DeepSeek 在开头加入一个引人入胜的悬念，或者在结尾加入一句富有哲理的话。

▶▶ 示例 1：议论文构思

作文题目：《论坚持的力量》

提示词：模仿高考高分议论文风格，提供关于"论坚持的力量"的作文框架，要求论点明确、论据充分、结构清晰，包含开头、中间和结尾。

生成的作文框架：

开头

在漫漫人生路上，我们会遇到无数的挫折与困难，犹如阻挡在我们前行道路上的重重险阻。然而，古往今来，无数事例告诉我们，坚持是一种强大的力量，它能让我们穿越风雨，迎来彩虹，能让我们在困境中砥砺前行，实现梦想。坚持，是走向成功的关键。

中间

论点一：坚持是克服困难的利刃

在实现目标的道路上，困难与挫折不可避免。司马迁因李陵之祸遭受宫刑，这是常人难以忍受的奇耻大辱。然而，他并没有因此而放弃自己的理想。他忍辱负重，在狱中坚持撰写史书，历经多年艰辛，终于完成了被鲁迅先生称赞为"史家之绝唱，无韵之《离骚》"的《史记》。司马迁用他的经历告诉我们，只要坚持，就能克服任何困难。

论点二：坚持是实现梦想的基石

梦想是我们前行的动力，但实现梦想需要付出艰辛的努力。爱迪生发明电灯的故事家喻户晓。在发明电灯的过程中，爱迪生经历了无数次失败，但他始终坚持不懈地进行实验。他尝试了各种材料，最终找到了适合做灯丝的材料，为世界带来了光明。爱迪生曾说："天才是百分之一的灵感加上百分之九十九的汗水。"他的成功正是坚持的结果。

论点三：坚持是一种精神的传承

在历史的长河中，坚持的精神一直被传承下来。从精卫填海到愚公移山，从大禹治水到卧薪尝胆，这些故事都体现了中华民族坚持不渝的精神。在现代社会，这种精神依然熠熠生辉。在医院一线，医护人员们日夜奋战，坚持与疾病作斗争，守护着人民的生命健康。他们的坚持是对这种精神的最好的诠释。

结尾

坚持是一种力量，它能让我们在困难面前不屈不挠，在挫折面前勇往直前。让我们用坚持书写人生的华章，用坚持实现梦想。只要我们坚持下去，就没有克服不了的困难，没有实现不了的梦想。让我们在坚持的道路上，创造属于自己的辉煌。

▶▶ **示例 2：记叙文构思**

作文题目：《一次难忘的经历》

提示词：模仿高考高分记叙文风格，提供关于"一次难忘的经历"的作文框架，要求情节生动、情感真挚、语言优美。

生成的作文框架：

开头

点明难忘的经历是什么，如 "那是一个阳光明媚的清晨，我怀着紧张又期待的心情，踏上了前往山区支教的旅程，那时的我还不知道，这次经历将会在我生命中留下如此深刻的印记"。

中间

描述到达山区学校的情景，破旧的校舍、孩子们渴望知识的眼神，与自己之前的想象形成对比，内心受到冲击。

讲述支教过程中的困难，比如语言沟通不畅、教学设备简陋等，但自己努力克服，和孩子们逐渐建立起深厚的感情。可以列举一些和孩子们相处的温馨小事，如一起在操场上玩耍、教他们唱歌等，让情节更加生动。

重点刻画一次难忘的事件，比如山区突发暴雨，自己和孩子们一起守护学校，保护书籍和教学用品，在艰难时刻彼此相互鼓励，体现出团结和坚韧的力量，也让这段经历更加刻骨铭心。

结尾

表达这次支教经历对自己成长的影响，让自己懂得了珍惜、坚韧和责任，也明白了教育对于改变命运的重要性，虽然支教生活已经结束，但那些回忆会一直珍藏在心底，激励自己在未来的道路上继续前行，为需要帮助的人贡献自己的力量。

▶▶ 示例 3：说明文构思

作文题目：《中国结》

提示词：模仿高考高分说明文风格，提供关于"中国结"的作文框架，要求内容全面、结构清晰、语言准确。

生成的作文框架：

开头

介绍中国结的历史渊源和文化背景，引出话题——中国结的独特魅力。

中间

分别阐述中国结的结构特点、制作工艺、象征意义等。结构特点包括对称、绳结样式多样等；制作工艺包括所需材料、基本步骤和技巧等；象征意义包括吉祥如意、团圆美满等。

结尾

总结中国结的文化价值，提出对中国结传承与创新的期望。

通过以上步骤，我们可以看到，DeepSeek 能够帮助我们快速生成作文框架，并通过多轮调整和优化，使作文更加完善。

3 DeepSeek 助力写作技巧提升

DeepSeek 不仅可以帮助你完成基础的写作任务，还能通过分析和指导，提升你的写作技巧，让你的写作水平更上一层楼。本节将介绍如何利用 DeepSeek 提升写作技巧，包括语言表达、文章结构、写作手法等方面。

(1) 语言表达优化

语言是写作的基础，优美的语言能够吸引读者的目光，增强文章的感染力。DeepSeek 可以通过以下方式帮助你优化语言表达：

丰富词汇：DeepSeek 拥有庞大的词汇库，能够为你提供丰富的词汇选择。在写作时，你可以输入提示词，如"提供一些描述'美丽'的词汇"，DeepSeek 会生成如"绚丽多彩""美不胜收""赏心悦目"等词汇，让你不再为词汇匮乏而烦恼。

句式多样化：单一的句式会使文章显得单调乏味。DeepSeek 可以为你提供多样化的句式结构，如并列句、复合句、倒装句等。例如，在写一篇描写风景的作文时，你可以输入提示词"提供一些描写风景的多样化句式"，DeepSeek 会生成如"远处的山峦连绵起伏，近处的花朵争奇斗艳，真是美不胜收"等句式，让你的文章更加生动有趣。

修辞手法运用：修辞手法能够增强语言的表现力。DeepSeek 可以指导你运用比喻、拟人、排比等修辞手法。例如，在写一篇关于"梦想"的作文时，你可以输入提示词"运用比喻手法描述'梦想'"，DeepSeek 会生成如"梦想是夜空中最亮的星，照亮我们前行的道路"等句子，让你的文章更具感染力。

（2）文章结构强化

好的文章结构能够使文章条理清晰、逻辑连贯。DeepSeek 可以帮助你强化文章结构：

段落衔接：DeepSeek 可以指导你如何使段落之间自然衔接。例如，在写一篇议论文时，你可以输入提示词"提供一些段落衔接的句子"，DeepSeek 会生成如"首先，我们来看第一个观点……其次……最后……"等句子，让文章的逻辑更加清晰。

层次分明：DeepSeek 可以为你提供层次分明的文章框架。例如，在写一篇说明文时，你可以输入提示词"提供一个层次分明的说明文框架"，DeepSeek 会生成如"开头介绍说明对象，中间分别从不同方面进行详细说明，结尾总结提升"等框架，让你的文章结构更加合理。

过渡自然：DeepSeek 可以指导你如何运用过渡句使文章自然流畅。例如，在写一篇记叙文时，你可以输入提示词"提供一些记叙文中的过渡句"，DeepSeek 会生成如"就在这时，突然发生了意想不到的事情……"等句子，让文章的情节更加连贯。

（3）写作手法提升

掌握一些写作手法能够使文章更具特色。DeepSeek 可以帮助你提升以下写作手法：

细节描写：细节描写能够让文章更加生动形象。DeepSeek 可以为你提供细节描写的技巧。例如，在写一篇关于"亲情"的作文时，你可以输入提示词"提供一些关于'亲情'的细节描写"，DeepSeek 会生成如"妈妈轻轻抚摸着我的头，眼神中充满了关爱"等句子，让文章的情感更加真挚。

　　悬念设置：悬念能够吸引读者的注意力，增强文章的可读性。DeepSeek 可以指导你如何设置悬念。例如，在写一篇故事类作文时，你可以输入提示词"提供一些设置悬念的方法"，DeepSeek 会生成如"就在我们以为故事会这样发展下去时，突然出现了一个意想不到的转折……"等句子，让文章的情节更加引人入胜。

　　对比衬托：对比衬托能够突出事物的特点。DeepSeek 可以为你提供对比衬托的示例。例如，在写一篇关于"成功与失败"的作文时，你可以输入提示词"提供一些关于'成功与失败'的对比衬托"，DeepSeek 会生成如"成功是阳光，失败是阴影，两者相互对比，让我们更加珍惜成功的来之不易"等句子，让文章的观点更加鲜明。

（4）操作示例

示例 1：语言表达优化

作文内容：我喜欢秋天，因为秋天很美丽。

提示词：对以上作文内容进行语言表达优化，提供更丰富、更生动的词汇和句式。

输出：

你可以这样优化："我钟爱秋天，它宛如一幅绚丽多彩的画卷，美得令人心醉。金黄的稻田一望无际，火红的枫叶如诗如画，真是美不胜收。"

示例 2：文章结构强化

作文内容：环保很重要。我们应该保护环境。

提示词：对以上作文内容进行文章结构强化，提供更清晰、更有条理的框架。

输出：

你可以这样优化：开头先引出环保的重要性，如"环保，关乎我们共同的未来"。中间具体阐述环保的措施，如"减少塑料使用，多植树造林"。结尾呼吁大家行动起来，如"让我们携手共进，为环保贡献一分力量"。

示例 3：写作手法提升

作文内容：妈妈很爱我。

提示词：对以上作文进行写作手法提升，运用细节描写和对比衬托。

输出：

你可以这样优化：细节描写——"妈妈每天早上都会为我准备丰盛的早餐，看着我吃完后才放心去上班"。对比衬托——"妈妈对我的爱如温暖的阳光，而我的任性就像寒冷的冰雪，在妈妈的爱里慢慢融化"。

通过以上方法，我们可以利用 DeepSeek 提升自己的写作技巧，让文章更加出色。在写作过程中，要善于运用 DeepSeek 提供的各种功能，不断优化自己的写作内容，提高写作水平。

使用 DeepSeek 积累作文素材

在写作过程中，素材的积累至关重要。丰富的素材能够让作文内容更加充实、生动，增强文章的说服力和感染力。DeepSeek 作为一个智能写作辅助工具，不仅可以帮助我们构思写作思路，生成作文框架，还能协助我们积累各类作文素材，为写作提供源源不断的资源支持。本节将详细介绍如何利用 DeepSeek 积累作文素材，包括素材的分类、收集和整理方法，并通过具体的操作示例，展示其在实际写作中的应用。

（1）素材的分类

在积累素材之前，首先要对素材进行分类。常见的作文素材类型包括：

▶▶ 历史人物类

历史人物的事迹和名言是作文中常用的素材。例如，写一篇关于"坚持不懈"的作文时，可以引用爱迪生经过无数次失败仍坚持实验，最终发明电灯的故事；写一篇关于"爱国"的作文时，可以引用岳飞精忠报国的事迹。

▶▶ 文学作品类

文学作品中的经典语句和情节也是很好的素材。例如，写一篇关于"友情"的作文时，可以引用《哈利·波特》中哈利、罗恩和赫敏之间的深厚友谊；写一篇关于"人性"的作文时，可以引用《红楼梦》中对人性的深刻描绘。

▶▶ 时事热点类

时事热点素材能够让作文更具时代感和现实意义。例如，写一篇关于"梦想"的作文时，可以引用当前的社会热点等相关事件，如青年创业浪潮、科技创新梦想等。

▶▶ 科学知识类

科学知识素材能够增加作文的科学性和权威性。例如，写一篇关于"科技发展"的作文时，可以引用当前的科技成就，如人工智能、量子计算等。

▶▶ 生活经历类

生活中的点滴经历也是很好的素材。例如，写一篇关于"亲情"的作文时，可以引用自己与家人之间的感人故事；写一篇关于"成长"的作文时，可以引用自己在学习和生活中遇到的困难和挫折。

（2）使用 DeepSeek 收集素材

▶▶ 输入关键词

使用 DeepSeek 收集素材时，首先要输入相关的关键词。例如，如果你想收集关于"梦想"的素材，可以在 DeepSeek 中输入"梦想素材""梦想名言""梦想案例"等关键词。

▶▶ 筛选素材

DeepSeek 会根据关键词生成大量的素材，你需要对这些素材进行筛选。筛选时，要注意素材的真实性和可靠性，以及是否符合你的写作需求。例如，在收集关于"梦想"的素材时，你可以筛选出一些经典的关于梦想的名言和案例，如"梦想是夜空中最亮的星，照亮我们前行的道路""于东来在创业初期遭遇无数挫折，但始终坚持自己的梦想，最终成就了胖东来的辉煌"等。

▶▶ 整理素材

将收集到的素材进行整理，按照不同的类型和主题进行分类。例如，你可以将历史人物素材整理在一个文档中，文学作品素材整理在另一个文档中，时事热点素材整理在第三个文档中，等等。这样，在写作时就能够快速找到所需的素材。

（3）素材的运用

▶▶ 在作文中引用素材

在写作时，可以根据作文的主题和内容，适当引用收集到的素材。例如，写一篇关于"科技发展"的作文时，可以引用"人工智能已经广泛应用于医疗、教育、交通等领域，为人类生活带来了极大的便利"等素材，使文章内容更加充实和有说服力。

▶▶ 结合自己的观点

在引用素材时，要结合自己的观点进行阐述。例如，写一篇关于"梦想"的作文时，可以引用"梦想是夜空中最亮的星，照亮我们前行的道路"这句名言，然后结合自己的观点进行阐述：
"梦想是我们人生道路上的指路明灯，它给予我们勇气和力量，
让我们在面对困难和挫折时能够坚持不懈地前行。"

➤➤ 注意素材的多样性

在运用素材时，要注意素材的多样性，避免单一和重复。例
如，写一篇关于"成功"的作文时，可以引用历史人物的故事、
文学作品中的经典语句、时事热点中的成功案例等，使文章内容
更加丰富和生动。

（4）操作示例

➤➤ 示例 1：收集历史人物素材

操作步骤：

在 DeepSeek 中输入关键词"历史人物素材""坚持不懈的
历史人物"等。

DeepSeek 会生成大量的历史人物素材，如爱迪生、贝多芬、
居里夫人等。

筛选出与"坚持不懈"相关的素材，如爱迪生经过无数次失
败仍坚持做实验，最终发明电灯的故事。

将筛选出的素材整理在一个文档中，注明素材的来源和适用主题。

输出：

爱迪生是世界上家喻户晓的发明家之一，他发明了电灯、留声机等多项重要发明。在他发明电灯的过程中，经历了无数次失败，但他始终坚持不懈，最终找到了合适的灯丝材料，发明了电灯，为人类带来了光明。他的故事告诉我们，只要坚持不懈，就一定能够实现自己的梦想。

▶▶ 示例 2：收集文学作品素材

操作步骤：

在 DeepSeek 中输入关键词"文学作品素材""关于友情的文学作品"等。

DeepSeek 会生成大量的文学作品素材，如《哈利·波特》《小王子》《红楼梦》等。

筛选出与"友情"相关的素材，如《哈利·波特》中哈利、罗恩和赫敏之间的深厚友谊。

将筛选出的素材整理在一个文档中，注明素材的来源和适用主题。

输出：

《哈利·波特》是英国作家 J.K. 罗琳创作的魔幻小说系列，讲述了哈利·波特和他的朋友们在霍格沃茨魔法学校的冒险故事。在这部小说中，哈利、罗恩和赫敏之间的深厚友谊令人感动。他们相互支持、相互帮助，共同面对各种困难和挑战。他们的友情告诉我们，真正的朋友是在困难时刻能够相互扶持的人。

▶▶ 示例 3：收集时事热点素材

操作步骤：

在 DeepSeek 中输入关键词"时事热点素材""梦想时事热点"等。

DeepSeek 会生成大量的时事热点素材，如青年创业浪潮、科技创新梦想等。

筛选出与"梦想"相关的素材，如于东来在创业初期曾遭遇无数挫折，但始终坚持自己的梦想，最终成就了胖东来的辉煌的故事。

将筛选出的素材整理在一个文档中，注明素材的来源和适用主题。

输出：

于东来是中国著名的企业家，胖东来集团的创始人。在创业初期，他遭遇了无数的挫折和困难，但他始终坚持自己的梦想，相信诚信经营能够赢得市场。他带领团队不断努力，克服了一个又一个难题，最终成就了胖东来的辉煌。他的故事告诉我们，只要有梦想，有勇气去追求，就一定能够实现自己的目标。

（1）定期更新素材库。素材库需要不断更新和补充，以保持其新鲜度和实用性。你可以定期使用DeepSeek收集新的素材，将其整理到素材库中。例如，每周或每月设定一个时间，收集和整理与不同主题相关的素材。

（2）结合自己的兴趣。在收集素材时，要结合自己的兴趣和写作需求。如果你对某个领域特别感兴趣，可以重点收集该领域的素材。这样，在写作时就能够更加得心应手。例如，如果你对商业领域感兴趣，可以重点收集关于企业创业、商业成功等方面的素材。

（3）多渠道收集素材。除了使用 DeepSeek 收集素材，还可以通过其他渠道收集素材，如阅读书籍、杂志等。多渠道收集素材能够让你获取更多的资源，丰富你的素材库。

5 利用 DeepSeek 修改作文，提升写作水平

DeepSeek 可以帮助你发现作文中的问题，并提供具体的修改建议。这些建议包括语法错误、用词不当、逻辑不清晰、结构不合理等方面。通过这些反馈，你可以更清楚地了解自己的写作问题，进行有针对性的修改和提高。

（1）如何使用 DeepSeek 修改作文

使用 DeepSeek 的修改反馈功能，可以按照以下步骤进行：

▶▶ 输入作文内容
首先，将自己写好的作文内容输入 DeepSeek 中。确保内容完整，以便 DeepSeek 能够全面分析作文。

▶▶ 提出反馈要求

DeepSeek 可以进行全方位的反馈，包括语法检查、用词建议、逻辑优化、结构调整等。根据自己的需要，可以选择让 DeepSeek 帮你全面检查作文中出现的所有类型的问题，也可以指定 DeepSeek 集中检查某一类的问题，如语法、用词、逻辑等，以帮助自己逐一突破。

▶▶ 获取修改建议

DeepSeek 会对作文进行分析，并提供具体的修改建议。这些建议以文本形式呈现，清晰明了。

▶▶ 根据建议进行修改

根据 DeepSeek 提供的修改建议，对作文进行相应的修改。可以逐条查看建议，结合自己的写作意图决定是否采纳。

（2）操作示例

示例 1：语法检查

作文内容：

我今天非常开心，因为我和我的朋友去了公园。我们在公园里玩了很多游戏，还看到了很多漂亮的花。天气非常好，我们玩得非常愉快。

提示词：对以上作文进行语法检查，提供详细的修改建议。

DeepSeek 反馈：

"我今天非常开心，因为我和我的朋友去了公园。"这句话语法正确，但可以更简洁地表达为："今天我和朋友去了公园，非常开心。"

"我们在公园里玩了很多游戏，还看到了很多漂亮的花。"这句话语法正确，但可以更生动地表达为："我们在公园里玩游戏，还欣赏了美丽的花朵。"

"天气非常好，我们玩得非常愉快。"这句话语法正确，但可以更具体地表达为："天气晴朗，我们玩得非常尽兴。"

根据反馈修改后的作文：

今天我和朋友去了公园，非常开心。我们在公园里玩游戏，还欣赏了美丽的花朵。天气晴朗，我们玩得非常尽兴。

示例 2：用词建议

作文内容：

我的梦想是成为一名科学家。科学家可以探索未知的世界，发现新的知识。我希望通过我的努力，为人类做出贡献。

提示词：对以上作文进行用词建议，提供更丰富、更准确的词汇选择。

DeepSeek 反馈：

"科学家可以探索未知的世界，发现新的知识。"这句话中的"探索"和"发现"可以替换为"探索未知领域，揭示科学奥秘"，使表达更生动。

"我希望通过我的努力，为人类做出贡献。"这句话中的"做出贡献"可以替换为"为人类的进步贡献力量"，使表达更具体。

根据反馈修改后的作文：

我的梦想是成为一名科学家。科学家可以探索未知领域，揭示科学奥秘。我希望通过我的努力，为人类的进步贡献力量。

示例 3：逻辑优化

作文内容：

环保是每个人的责任。我们应该从自己做起，减少浪费，节约资源。例如，我们可以使用环保袋，减少塑料袋的使用。此外，我们还可以参与环保活动，如植树造林、保护环境。

提示词：对以上作文进行逻辑优化，提供更清晰、更有条理的表达建议。

DeepSeek 反馈：

"环保是每个人的责任。我们应该从自己做起，减少浪费，节约资源。"这句话逻辑清晰，但可以更具体地表达为："环保是每个人的责任，我们应从自身做起，减少浪费，节约资源。"

"例如，我们可以使用环保袋，减少塑料袋的使用。此外，我们还可以参与环保活动，如植树造林、保护环境。"这句话逻辑清晰，但可以更连贯地表达为："例如，使用环保袋代替塑料袋，减少一次性用品的使用。此外，积极参与植树造林等环保活动，共同保护我们的地球。"

根据反馈修改后的作文：

环保是每个人的责任，我们应从自身做起，减少浪费，节约资源。例如，使用环保袋代替塑料袋，减少一次性用品的使用。此外，积极参与植树造林等环保活动，共同保护我们的地球。

（1）定期使用

DeepSeek 可以帮助我们及时发现写作中的问题，进行有针对性的修改和提高。可以每周或每月设定一个时间，让DeepSeek 对作文进行检查和反馈。

（2）记录和总结

记录每次 DeepSeek 的反馈，总结常见的问题和改进方法。通过记录和总结，我们可以逐步形成自己的写作改进方法，提高写作能力。

3 多角度练习：
利用 DeepSeek 提升写作能力

在前几节中，我们详细介绍了 DeepSeek 的各种功能，包括如何用它来构思作文、积累素材、进行语法检查和逻辑优化等。然而，要真正提升写作能力，仅仅了解这些功能是不够的，还需要通过大量的练习与实践来巩固和提高。本节将为大家提供一些具体的练习任务和实践方法，帮助你利用 DeepSeek 提升写作能力。

（1）高分作文仿写练习

目的：通过仿写高分作文，学习更好的写作结构和表达方式。

操作步骤：

选择一篇高分作文，仔细阅读并分析其结构和内容。

使用 DeepSeek 检查自己的作文与高分作文的差距。

根据反馈意见，修改自己的作文，使其更接近高分作文的水平。

示例：

选择一篇关于"我的梦想"的高分作文，分析其开头、中间和结尾的写作方法。然后，自己写出一篇同主题的作文。写完后，将高分作文与自己写的作文输入 DeepSeek，获取修改建议。根据建议，对作文进行修改，使其更加完善。

（2）话题作文创作练习

目的：提高对不同话题的写作能力和应变能力。

操作步骤：

选择一个话题，如 "创新" "友情" 等。

使用 DeepSeek 生成不同类型的作文框架，如议论文、记叙文、说明文等。

根据生成的作文框架，结合自己的想法，写出完整的作文。

使用 DeepSeek 检查作文的语法、逻辑和表达，进行修改和完善。

示例：

选择话题"挫折"，使用 DeepSeek 生成一篇议论文的框架，提示词为："模仿高考高分议论文风格，写一篇关于'挫折'的作文，要求论点明确、论据充分、结构清晰。"根据生成的框架，结合自己对挫折的理解以及身边的事例，写出完整的作文。然后，将作文输入 DeepSeek，获取修改建议。根据建议对作文进行修改，使其更加严谨和有说服力。

（3）创意写作挑战

目的：激发写作兴趣，培养创新思维。

操作步骤：

选择一个创意写作题目，如"未来世界""穿越时空""假如我是一只鸟"等。

使用 DeepSeek 生成一个创意写作的思路和框架。

根据生成的思路，发挥自己的想象力，写出独特的作文。

使用 DeepSeek 检查作文的语法、逻辑和表达等，进行修改和完善。

示例：

选择创意写作题目"未来世界"，使用 DeepSeek 生成一个创意写作的思路，提示词为："提供一些关于'未来世界'的创意写作思路，要求内容新颖，富有想象力。"根据生成的思路，发挥自己的想象力，写出一篇关于"未来世界"的作文。然后，将作文输入 DeepSeek，获取修改建议。根据建议对作文进行修改，使其更加生动和有趣。

通过以上的练习，我们可以充分利用 DeepSeek 的各种功能，提升自己的写作能力。在练习过程中，要注意结合自己的实际情况，选择适合自己的练习方法和题目。相信通过持续的努力和练习，你一定能够在写作方面取得显著的进步，写出更加优秀的作文。

拓展
EXPAND

各类作文提示词实用模板

（1）记叙文类

公式模板：讲述一个关于_____（校园生活、家庭故事、成长经历等）的故事，主角是_____（青少年角色），情节围绕_____（具体事件或主题），重点展现_____（成长、友情、亲情等情感或品质），并设置_____（冲突或转折）增加故事吸引力。

示例1：讲述一个关于校园运动会的故事，主角是班级里的体育委员小明，情节围绕同学们为了准备运动会努力训练的过程，重点展现小明的领导能力和团队协作精神，设置在比赛过程中遇到强劲对手的冲突，展现大家不放弃的精神。

示例2：讲述一个关于家庭旅行的故事，主角是初中生小红和她的家人，情节围绕旅行中遇到的各种有趣的人和事，重点展现小红在旅行中的成长和对家庭的感悟，设置在旅行中丢失行李的转折，展现家人之间的相互扶持。

（2）议论文类

公式模板：针对_____（青少年成长中的问题或话题，如学习压力、兴趣培养、人际关系等）发表自己的观点，从_____（多个角度，如个人经历、社会现象、名人名言等）进行论证，列出_____（数量）个支持自己观点的理由，并提出_____（具体建议或解决方案）。

示例1：针对青少年沉迷手机的问题发表自己的观点，从自己身边同学的亲身经历、社会上因沉迷手机导致不良后果的案例，以及名人关于自律的名言等角度进行论证，列出3个支持自己的观点的理由，如影响学习、损害健康、降低社交能力，并提出合理使用手机的建议，如制订使用计划、培养其他兴趣爱好等。

示例2：针对青少年是否应该参加社团活动发表自己的观点，从自己参加社团活动的收获、学校社团活动的积极影响，以及相关教育专家的观点等角度进行论证，列出3个支持自己观点的理由，如丰富课余生活、锻炼综合能力、拓展人际关系，并提出选择社团活动的建议，如根据自己的兴趣爱好、时间安排等选择合适的社团。

（3）说明文类

公式模板：介绍_____（学习方法、生活技能、校园设施等）的相关知识，目标读者是_____（青少年学生），从_____（多个方面，如特点、作用、使用方法等）进行说明，重点突出_____（对青少年学习或生活的帮助），并使用_____（简单易懂、生动形象等）的语言风格。

示例1：介绍高效记笔记的方法，目标读者是中学生，从笔记的格式、记录技巧、复习方法等方面进行说明，重点突出这种方法对提高学习效率的帮助，使用简单易懂的语言风格，如"将笔记本分成两栏，一栏记录重点知识，另一栏记录自己的疑问和思考"。

示例2：介绍校园图书馆的设施和使用方法，目标读者是初中生，从图书馆的布局、藏书种类、借阅流程等方面进行说明，重点突出图书馆对拓展知识面的帮助，使用生动形象的语言风格，如"图书馆就像一个知识的宝库，里面藏着各种各样的书籍，等待着你去探索"。

（4）想象作文类

公式模板：发挥想象，创作一篇关于_____（未来世界、奇幻冒险、梦想实现等）的故事，主角是_____（青少年角色），在_____（想象的场景或情境）中经历_____（奇幻事件或挑战），最终_____（实现梦想、获得成长等），并融入_____（积极向上的情感或价值观）。

示例：发挥想象，创作一篇关于未来世界的故事，主角是高中生小刚，在一个科技高度发达的城市中经历各种新奇的冒险，最终实现了自己的发明梦想，并融入勇于创新、追求梦想的情感。

（5）书信作文类

公式模板：以_____（写信人身份，如学生、子女）的身份，给_____（收信人身份，如老师、父母、朋友等）写一封信，围绕_____（主题，如感谢、道歉、分享经历等），表达_____（具体情感或想法），并注意书信的格式和礼貌用语。

示例：以一名初中学生的身份，给班主任写一封信，围绕在学校的成长经历，表达对老师的感激之情，信中提及老师在学习和生活上对自己的帮助，注意使用恰当的书信格式和礼貌用语。